"十三五"职业教育国家规划教材

高等职业教育课程改革系列教材
"十三五"江苏省高等学校重点教材
（编号：2018-2-061）

机器视觉及其应用技术

主　编　刘　韬　葛大伟
副主编　张　旭　黄　山
参　编　张苏新
主　审　颜廷秦

机械工业出版社

机器视觉是当代智能制造、自动控制等领域中重要的研究内容之一。本书涵盖了机器视觉的基本原理与概念、机器视觉系统的构成等内容，并以 VisionPro 为例介绍了机器视觉技术在测量、识别、引导等实际工业生产中的应用。

全书共 13 个项目，各项目进一步分解为若干个任务并配有相应习题，由易及难地逐步介绍机器视觉及其应用技术。本书重在理论联系实际，主要内容都具有实际工程应用背景，各个项目中配套的案例、习题均来源于实际工业应用。

本书可作为高等学校自动化类和电子信息类等相关专业的教学参考书，也可作为工程技术人员加深理解机器视觉及其应用技术的参考用书。

为方便教学，本书有电子课件、习题答案、模拟试卷及其答案等教学资源，凡选用本书作为授课教材的学校，均可通过电话（010-88379564）或 QQ（2314073523）咨询，有任何技术问题也可通过以上方式联系。

图书在版编目（CIP）数据

机器视觉及其应用技术/刘韬，葛大伟主编．—北京：机械工业出版社，2019.6（2024.7 重印）
高等职业教育课程改革系列教材
ISBN 978-7-111-62747-0

Ⅰ．①机⋯　Ⅱ．①刘⋯　②葛⋯　Ⅲ．①计算机视觉-高等职业教育-教材　Ⅳ．①TP302.7

中国版本图书馆 CIP 数据核字（2019）第 087879 号

机械工业出版社（北京市百万庄大街 22 号　邮政编码 100037）
策划编辑：曲世海　责任编辑：曲世海　王海霞
责任校对：张晓蓉　封面设计：马精明
责任印制：刘　媛
河北京平诚乾印刷有限公司印刷
2024 年 7 月第 1 版第 15 次印刷
184mm×260mm · 10.25 印张 · 246 千字
标准书号：ISBN 978-7-111-62747-0
定价：39.00 元

电话服务　　　　　　　　　　网络服务
客服电话：010-88361066　　　机　工　官　网：www.cmpbook.com
　　　　　010-88379833　　　机　工　官　博：weibo.com/cmp1952
　　　　　010-68326294　　　金　书　网：www.golden-book.com
封底无防伪标均为盗版　　　　机工教育服务网：www.cmpedu.com

关于"十三五"职业教育国家规划教材的出版说明

2019年10月,教育部职业教育与成人教育司颁布了《关于组织开展"十三五"职业教育国家规划教材建设工作的通知》(教职成司函〔2019〕94号),正式启动"十三五"职业教育国家规划教材遴选、建设工作。我社按照通知要求,积极认真组织相关申报工作,对照申报原则和条件,组织专门力量对教材的思想性、科学性、适宜性进行全面审核把关,遴选了一批突出职业教育特色、反映新技术发展、满足行业需求的教材进行申报。经单位申报、形式审查、专家评审、面向社会公示等严格程序,2020年12月教育部办公厅正式公布了"十三五"职业教育国家规划教材(以下简称"十三五"国规教材)书目,同时要求各教材编写单位、主编和出版单位要注重吸收产业升级和行业发展的新知识、新技术、新工艺、新方法,对入选的"十三五"国规教材内容进行每年动态更新完善,并不断丰富相应数字化教学资源,提供优质服务。

经过严格的遴选程序,机械工业出版社共有227种教材获评为"十三五"国规教材。按照教育部相关要求,机械工业出版社将坚持以习近平新时代中国特色社会主义思想为指导,积极贯彻党中央、国务院关于加强和改进新形势下大中小学教材建设的意见,严格落实《国家职业教育改革实施方案》《职业院校教材管理办法》的具体要求,秉承机械工业出版社传播工业技术、工匠技能、工业文化的使命担当,配备业务水平过硬的编审力量,加强与编写团队的沟通,持续加强"十三五"国规教材的建设工作,扎实推进习近平新时代中国特色社会主义思想进课程教材,全面落实立德树人根本任务;突显职业教育类型特征,遵循技术技能人才成长规律和学生身心发展规律,落实根据行业发展和教学需求,及时对教材内容进行更新;同时充分发挥信息技术的作用,不断丰富完善数字化教学资源,不断提升教材质量,确保优质教材进课堂;通过线上线下多种方式组织教师培训,为广大专业教师提供教材及教学资源的使用方法培训及交流平台。

教材建设需要各方面的共同努力,也欢迎相关使用院校的师生反馈教材使用意见和建议,我们将认真组织力量进行研究,在后续重印及再版时吸收改进,联系电话:010-88379375,联系邮箱:cmpgaozhi@sina.com。

机械工业出版社

前　言

随着工业 4.0 时代的到来，机器视觉及其应用技术在智能制造领域中的作用越来越重要，已经成为工业生产中不可或缺的一部分。目前，大量的书籍介绍了数字图像处理及计算机视觉的相关知识，而介绍机器视觉及其在实际工业生产中应用的书籍还不是很多。本书在讲述机器视觉基本原理和基本概念的基础上，重点介绍了机器视觉系统的构成以及机器视觉技术在实际生产中的应用案例，突出职教特色和立德树人内涵。本书包括以下内容：

1) 介绍了机器视觉的基本概念、机器视觉系统的构成、常用机器视觉开发软件以及机器视觉典型应用案例。

2) 对机器视觉系统中获取图像的硬件部分，如光源、镜头、相机及接口等进行了详细介绍。

3) 介绍了数字图像处理中的基本概念和典型的数字处理操作，主要用于机器视觉预处理操作。

4) 介绍了本书涉及的机器视觉开发软件 VisionPro，包括其基本操作和高级应用。

5) 重点介绍手机中板螺钉有无检测、手机电池正反面识别与结果显示、手机电池尺寸测量、手机电池二维码和生产日期识别，以及手机外壳引导、抓取与组装等实际工业生产中的机器视觉应用案例。

本书在编写过程中得到了苏州德创测控科技有限公司的大力支持，将大量真实的机器视觉应用案例引入相关项目和配套实训项目中，使得本书内容的实用性得到有力加强，有利于培养学生理论联系实际的创新意识与创新思维能力。

本书是编者在多年从事人工智能、自动控制、机器视觉、测控技术等教学和工作的基础上编写而成的，是江苏高校品牌专业建设工程一期项目（PPZY2015A089）、安徽省自然科学基金青年基金资助项目（1608085QF144）。本书由刘韬、葛大伟任主编，张旭、黄山任副主编，张苏新参加了编写，全书由颜廷秦主审。由于编者水平有限，书中难免存在不足之处，殷切希望广大读者批评指正。

编　者

二维码索引

序号	二维码	页码	序号	二维码	页码
1		4	7		103
2		16	8		113
3		26	9		133
4		27	10		134
5		50	11		148
6		82			

目　　录

前　言
二维码索引

项目 1　初识机器视觉 ………… 1
　任务 1　了解机器视觉技术 ………… 1
　任务 2　了解机器视觉技术的相关应用 …… 4
　习题 ………… 7

项目 2　光源系统的认知与选择 ………… 8
　任务 1　光源的认知 ………… 8
　任务 2　手机电池尺寸测量中光源的选择 …… 16
　习题 ………… 20

项目 3　工业镜头的认知与选择 ………… 21
　任务 1　工业镜头的认知 ………… 21
　任务 2　手机电池尺寸测量中镜头的选择 …… 27
　习题 ………… 29

项目 4　工业相机的认知与选择 ………… 30
　任务 1　工业相机的认知 ………… 30
　任务 2　手机电池尺寸测量中相机的选择 …… 37
　习题 ………… 38

项目 5　学习数字图像处理基础知识 ………… 39
　任务 1　数字图像的认知 ………… 39
　任务 2　学习数字图像处理的预备知识 …… 44
　任务 3　数字图像处理与识别 ………… 46
　任务 4　典型图像处理操作 ………… 50
　习题 ………… 64

项目 6　软件的安装与基本操作 ………… 65
　任务 1　VisionPro 软件的安装 ………… 65
　任务 2　VisionPro 软件的基本操作 …… 77
　习题 ………… 82

项目 7　软件高级应用 ………… 83
　任务 1　在 QuickBuild 中添加脚本 …… 83
　任务 2　添加 Label 函数显示结果 …… 86
　任务 3　RectangleAffine 方法应用 …… 90
　习题 ………… 92

项目 8　用户界面开发 ………… 93
　任务 1　添加 Cognex 视觉函数库 …… 93

　任务 2　可视化界面设计 ………… 97
　习题 ………… 101

项目 9　手机中板螺钉有无的检测 ………… 102
　任务 1　搭建图像采集系统获取
　　　　　合适图像 ………… 102
　任务 2　手机中板螺钉有无的检测案例
　　　　　分析 ………… 104
　习题 ………… 110

**项目 10　手机电池正反面识别与结果
　　　　　显示** ………… 112
　任务 1　手机电池正反面识别 ………… 112
　任务 2　手机电池正反面识别结果显示 …… 120
　习题 ………… 123

项目 11　手机电池尺寸测量 ………… 124
　任务 1　手机电池像素尺寸测量 ………… 124
　任务 2　手机电池实际尺寸测量 ………… 129
　习题 ………… 133

**项目 12　手机电池二维码和生产日期
　　　　　识别** ………… 134
　任务 1　手机电池二维码识别 ………… 134
　任务 2　手机电池生产日期识别 ………… 137
　习题 ………… 141

**项目 13　手机外壳引导、抓取与
　　　　　组装** ………… 142
　任务 1　手机外壳引导、抓取与组装设备
　　　　　视觉硬件安装与调试 ………… 142
　任务 2　手机外壳引导、抓取与组装
　　　　　设备标定 ………… 143
　任务 3　手机外壳引导、抓取与组装
　　　　　设备视觉功能程序设计 ………… 148
　习题 ………… 155

参考文献 ………… 156

项目1 初识机器视觉

任务1 了解机器视觉技术

一、机器视觉的定义

机器视觉是指用计算机来实现人的视觉功能，也就是用计算机来实现对客观世界的识别。机器视觉系统是指通过机器视觉产品（即图像摄取装置，分 CMOS 和 CCD 两种）将被摄取目标转换成图像信号传输给专用的图像处理系统，根据像素分布和亮度、颜色等信息，转变成数字化信号；图像处理系统对这些信号进行各种运算来抽取目标的特征，进而根据判别结果来控制现场的设备动作。机器视觉是一门学科技术，广泛应用于生产、制造、检测等工业领域，用来保证产品质量、控制生产流程、感知环境等。在工业生产过程中，相对于传统测量检验方法，机器视觉技术的优点是测量快速、准确、可靠，产品生产的安全性高，工人的劳动强度低，可实现高效、安全生产和自动化管理，对提高产品检验的一致性具有不可替代的作用。随着人工智能技术兴起以及边缘设备算力的提升，机器视觉在汽车制造、制药和食品包装等多个领域均有广泛的应用。在全球高端制造产能向我国转移情况下，机器视觉技术必将作为智能制造领域的"智慧之眼"不断发展进步。

二、机器视觉系统的构成

机器视觉技术涉及目标对象的图像获取技术，对图像信息的处理技术以及对目标对象的测量、检测与识别技术。**机器视觉系统主要由图像采集单元、图像信息处理与识别单元、结果显示单元和视觉系统控制单元组成。**图像采集单元获取被测目标对象的图像信息，并传送给图像信息处理与识别单元。由于机器视觉系统强调精度和速度，因此需要图像采集单元及时、准确地提供清晰的图像，只有这样，图像信息处理与识别单元才能在比较短的时间内得出正确的结果。图像采集单元一般由光源、镜头、数字摄像机和图像采集卡等构成。采集过程可简单描述为在光源提供照明的条件下，数字摄像机拍摄目标物体并将其转化为图像信号，最后通过图像采集卡传输给图像信息处理与识别单元。图像信息处理与识别单元对图像的灰度分布、亮度和颜色等信息进行各种运算处理，从中提取出目标对象的相关特征，完成对目标对象的测量、识别和 NG 判定，并将其判定结论提供给视觉系统控制单元。视觉系统控制单元根据判定结论控制现场设备，实现对目标对象的相应控制操作。机器视觉应用示意图如图 1-1 所示。

三、常用机器视觉开发软件介绍

1. NI Vision Assistant

NI 公司的视觉开发模块是专为从事开发机器视觉和科学成像应用的科学家、工程师和技术人员设计的。该模块包括 NI Vision Builder 和 IMAQ Vision 两部分。NI Vision Builder 是

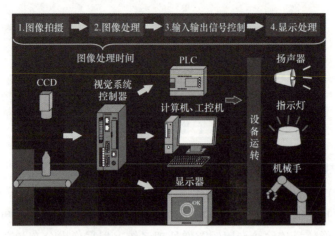

图1-1　机器视觉应用示意图

一个交互式的开发环境,开发人员无需编程,即能快速完成视觉应用系统模型的建立;IMAQ Vision 是一个包含各种图像处理函数的功能库,它将400多种函数集成到 LabVIEW 和 Measurement Studio、Lab Windows/CVI、Visual C++及 Visual Basic 开发环境中,为图像处理提供了完整的开发功能。

NI 视觉开发模块中包含 NI Vision Assistant 和 IMAQ Vision,其中 NI Vision Assistant 不需要通过编程就可以直接调用 LabVIEW 快速成形的直观环境,IMAQ Vision 则拥有强大的视觉处理函数库。NI Vision Assistant 和 IMAQ Vision 的紧密协同工作简化了视觉软件的开发流程。NI Vision Assistant 可自动生成 LabVIEW 程序框图,该程序框图中包含 NI Vision Assistant 建模时一系列操作的相同功能,可以将程序框图集成到自动化应用或生产测试应用中,用于运动控制、仪器控制和数据采集等,其主要功能如下:

1) 高级机器视觉、图像处理功能及显示工具。

2) 高速模式匹配功能,用来定位大小、方向各异的多种对象,甚至在光线不佳时也可实现。

3) 用于计算82个参数(包括对象的面积、周长和位置等)的颗粒分析(Blob Analysis)功能。

4) 一维、二维条码和 OCR 读取工具。

5) 用于纠正透镜变形和相机视角的图像校准功能。

6) 灰度、彩色和二值图像处理及分析功能。

2. HALCON

来自德国 MVTec 公司的图像处理软件 HALCON 源自学术界,它有别于市面上一般的商用软件包。事实上,HALCON 是一个图像处理库,它由1000多个各自独立的函数以及底层的数据管理核心构成。其中包含了各类滤波、色彩以及数学转换、形态学计算分析、校正、分类辨识、形状搜寻等基本的几何和影像计算功能,由于这些功能大多并非针对特定工作而设计,因此只要涉及图像处理,就可以利用 HALCON 强大的计算分析能力来完成工作,其应用范围几乎没有限制,涵盖从医学、遥感探测、监控,到工业上的各类自动化检测等众多领域。

HALCON 支持 Windows、Linux 和 Mac OS X 等操作环境。整个函数库可以用 C、C++、C#、Visual Basic（VB）和 Delphi 等多种普通编程语言访问。HALCON 为大量的图像获取设备（包括百余种工业相机和图像采集卡，如 GenlCam、GigE 和 IIDC 1394 等）提供接口，保证了硬件的独立性。HALCON 具有以下特点：

1）为了让使用者能在最短的时间里开发出视觉系统，HALCON 使用了一种交互式程序设计界面 HDevelop，可在其中以 HALCON 程序代码直接撰写、修改、执行程序，并且可以查看计算过程中的所有变量，设计完成后，可以直接输出 C、C++、VB、C#、VB.NET 等程序代码。

2）HALCON 不限制取像设备，用户可以自行挑选合适的设备。原厂已提供 60 余种相机的驱动链接，即使是尚未支持的相机，除了可以通过指针（Pointer）轻易地抓取影像，还可以利用 HALCON 的开放式架构，自行撰写 DLL 文件和系统链接。

3）HALCON 提供了强大的三维视觉处理功能，其所有三维技术，如多目立体视觉或片光，都可用于表面重构；同时也支持直接通过现成的三维硬件扫描仪进行三维重构。此外，针对表面检测中的特殊应用，HALCON 对光度立体视觉方法进行了改善。不仅如此，HALCON 现在还支持许多三维目标处理方法，如点云的计算和三角测量、形状和体积等特征计算、通过切面进行点云分割等。

3. VisionPro

康耐视公司的 VisionPro 是一款用于具有挑战性的二维和三维视觉应用的计算机视觉软件。它主要用于设置和部署视觉应用，无论是使用相机还是图像采集卡。借助 VisionPro，用户可以执行各种功能，包括几何对象的定位、识别、测量和对准，以及针对半导体和电子产品应用的专用功能。VisionPro 具有以下特点：

1）集成了平台中经过验证的、可靠的视觉工具。借助 VisionPro，用户可以访问功能较强的图案匹配、斑点、卡尺、线位置、图像过滤、OCR 和 OCV 视觉工具库，读取一维条码和二维码，从而执行各种功能，如检测、识别和测量。VisionPro 软件可与广泛的 .NET 类库和用户控件完全集成。

2）快速而灵活的应用开发。VisionPro QuickBuild 快速原型设计环境将高级编程的先进性、灵活性与易于开发性相结合。无论使用哪种方式，都可以轻松地加载和执行作业，也可以选择按代码手动配置工具或由智能软件动态地固定工具，同时，通过以下可重复使用的工具组和用户定义工具能够缩短开发时间：

① 拖放：工具间的链接可快速传输值、结果和图像。

② 脚本处理：使用 C#或 VB 语言开发可管理的应用。

③ 编程：配置采集、选择和优化视觉工具，并做出通过/未通过决策（无论是否使用编程）。

3）访问突破性的深度学习图像分析。通过 API 连接 VisionPro ViDi，这是专为工业图像分析设计的首款深度学习软件。这种突破性的技术专为复杂检测、元件定位、分类、光学字符识别而优化，远超优秀检测员的效率和准确度。

4）集成、通用的通信和图像采集。借助 VisionPro 软件，用户可以通过任意相机或图像采集卡使用功能较强的视觉软件。康耐视采集技术支持所有类型的图像采集，包括模拟、数字、彩色、单色、区域扫描、线扫描、高分辨率、多通道和多路复用。此外，康耐视采集技术支持数百种工业相机和录像格式，可满足机器视觉常用的各种读取要求。

任务 2　了解机器视觉技术的相关应用

一、机器视觉的应用领域

视觉技术的最大优点是与被观测对象无接触，因此，对观测者与被观测者都不会产生任何损伤，十分安全可靠，这是其他感觉方式无法比拟的。理论上，机器视觉可以观察到人眼观察不到的范围，如红外线、微波、超声波等，并且机器视觉可以利用传感器件形成红外线、微波、超声波等图像。另外，人无法长时间地观察对象，机器视觉则无时间限制，而且具有很高的分辨精度和速度，显示出其无可比拟的优越性。所以，机器视觉应用领域十分广泛，可用于工业、民用、军事和科学研究等领域，下面以工业领域和民用领域为例进行介绍。

1. 工业领域

工业领域是机器视觉应用中比重最大的领域，按照功能又可以分为产品质量 AOI（Automated Optical Inspection）、产品分类、产品包装、机器人定位等，其应用行业包括印刷包装、汽车工业、半导体材料/元器件/连接器生产、药品/食品生产、烟草行业、纺织行业等。

下面以纺织行业为例具体阐述机器视觉在工业领域的应用。在纺织企业中，视觉检测是工业应用中质量控制的主要组成部分，用机器视觉代替人的视觉可以克服人工检测所造成的各种误差，大大提高检测精度和效率。正是由于视觉系统的高效率和非接触性，机器视觉在纺织产品检测中的应用越来越广泛，在许多方面已取得了成效。目前，主要的检测对象可分为三大类：纤维、纱线和织物。由于织物疵点检测（在线检测）需要很高的计算速度，因此，设备费用比较昂贵。目前国内在线检测的应用比较少，主要应用是离线检测，检测项目有纺织布料识别与质量评定、织物表面绒毛鉴定、织物反射特性分析、合成纱线横截面分析、纱线结构分析等。此外，还可用于织物组织设计、棉粒检测、纱线表面摩擦分析等。

2. 民用领域

机器视觉技术可用在智能交通、安全防范、文字识别、身份验证、医疗成像等方面。在医学领域，机器视觉可辅助医生进行医学影像分析，主要利用数字图像处理技术、信息融合技术对 X 射线透视图、核磁共振图像、CT 图像进行适当叠加，然后进行综合分析，以及对其他医学影像数据进行统计和分析。B 型超声（简称 B 超）、X－CT、放射性同位素扫描、核磁共振成像是现代医学的四大成像技术。B 超检测系统通过有规律地发射超声波，并接收从人体发射回来的声音信号，形成灰度图像线密度值。X－CT 根据 X 射线对人体组织各部分具有不同的透过和吸收作用的性质，利用 CT 图像重建技术对穿过人体截面的 X 扫描线进行测量和运算，重建人体内部的立体图像。X光机的图像处理系统可进行导管定标、血管造影及血管动态分析等。通过对X光图像的处理，可以分辨关节等部位的细节，甚至人体内的结石。利用机器视觉技术，可对心血管医学图像进行建模和分析，结合心脏动态特征和临床知识对医学动态图像进行定量的运动分析，为医生诊断和分析心血管疾病提供了一个有效的工具和途径。

我国已经将机器视觉技术应用于农作物种子质量检验评价，至今已经取得了较大进展。例如，通过机器视觉技术来评价蚕豆的品质，用两种不同的离散方法来区分合格、破损、过小、异类蚕豆。利用从彩色图像中提取的35个特征参数进行分类，分类结果与判别分析统计分类结果相比有较高的一致度。另外，在农业机械自动化方面，机器视觉系统为蘑菇采摘机器提供分类所需的尺寸、面积信息，并引导机器手准确抵达待采摘蘑菇的中心位置，实现抓取。

机器视觉在智能交通中可以完成自动导航和交通状况监测等任务。在自动导航中，机器视觉可以通过双目立体视觉等检测方法获得场景中的路况信息，然后利用这些信息进行自主交互，这种技术已用于无人汽车、无人飞机和无人战车等。另一方面，机器视觉技术可以用于交通状况监测，如交通事故现场勘察、车场监视、车牌识别、车辆识别与"可疑"目标跟踪等。在许多大中城市的交通管理系统中，机器视觉系统担任了"电子警察"的角色，其"电子眼"功能在识别车辆违章、监测车流量、检测车速等方面都发挥着越来越重要的作用。

在科学研究领域，可以利用机器视觉进行材料分析、生物分析、化学分析和生命科学研究，如血液细胞自动分类计数、染色体分析、癌症细胞识别等。同样，机器视觉技术可用于航天、航空、兵器（敌我目标识别、跟踪）及测绘等方面。在卫星遥感系统中，机器视觉技术被用于分析各种遥感图像，进行环境监测，根据地形、地貌的图像和图形特征，对地面目标进行自动识别、理解和分类等。

二、机器视觉应用典型案例

近年来，机器视觉的应用越来越广泛，其中机器视觉检测和机器人视觉成为目前主要的两大技术。机器视觉检测又可分为高精度定量检测（如显微照片的细胞分类、机械零部件的尺寸和位置测量）和不用量器的定性或半定量检测（如产品的外观检查、装配线上零部件的识别定位、缺陷性检测与装配完全性检测）。图1-2所示为基于机器视觉系统的汽车面板按钮检测。

机器人视觉用于指引机器人在大范围内的操作和行动，如从料斗送出的杂乱工件堆中拣取工件，并按一定的方位将工件放在传送带或其他设备上（即料斗拣取问题）。图1-3所示为基于机器视觉技术的机器人定位。至于小范围内的操作和行动，还需要借助触觉传感技术。

汽车安全气囊传感器中即使只有一条线接错，也可能造成人员伤亡。确定连接器安装是否正确的一项重要工作就是检查各种颜色的线是否正确地接到了各连接器上。有了简单而有效的色彩机器视觉工具，连接器制造人员便能以色彩视觉检查的方式进行这种关键检查，其准确率为100%。图1-4所示为汽车安全气囊线序检测。现在，从一开始就可以利用这种机器视觉工具进行关键的安全检查，降低出错的风险。

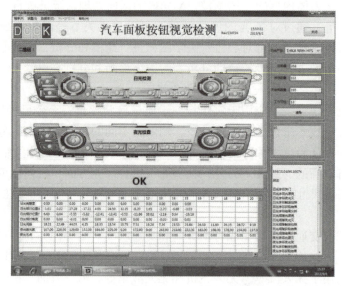

图 1-2　基于机器视觉系统的汽车面板按钮检测

图 1-3　基于机器视觉技术的机器人定位

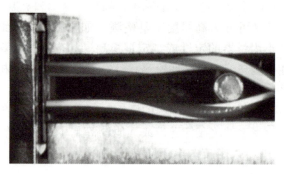

图 1-4　汽车安全气囊线序检测

汽车盘式制动器的制造是一个需要先进追踪技术且强度和挑战性巨大的过程。汽车盘式制动器重 12~20kg，采用机器视觉技术之前，制造人员必须重复地从不锈钢盒中提出沉重的盘并将其放在各种不同的检测台上。执行如此繁重的工作会给生产线上的员工带来健康危险。

项目1 初识机器视觉

借助机器视觉系统中的智能相机实现自动化调焦、快速图像采集和内置照明,可识别传送带上传送的盘式制动器的位置,然后在几分之一秒内将图像数据传送给机器人进行控制,从而让高性能磁铁迅速夹住盘式制动器,将盘式制动器放在旋转盘上。另一个智能相机系统借助其集成式红色 LED 灯将字符放在焦点处,读取字母、数字字符后,进行表面平整检验、平衡和声音测试等步骤,并将检测结果上传到数据库。最后根据检测结果,将制动器分别放置到指定位置。图 1-5 所示为汽车盘式制动器的检测与追溯。

图 1-5　汽车盘式制动器的检测与追溯

现在,许多液晶面板和液晶显示器生产商利用机器视觉技术升级其生产线,提高自动化程度以改善产品质量。近期,国内某液晶面板制造厂利用康耐视 CIC–10MR 相机和 VisionPro 软件打造了一条液晶屏打包生产线,如图 1-6 所示。该生产线完美地实现了液晶屏的尺寸测量、对正、抓取和打包整个工作过程,而且一次拍照即可实现准确抓取,大大提高了生产效率。

图 1-6　液晶屏打包生产线

习　　题

1. 机器视觉是_____。
2. 机器视觉系统的构成包括_____、_____、_____和_____。
3. 机器视觉的四大类应用分别是_____、_____、_____、_____。
4. 写出你知道的机器视觉开发软件。
5. 列举 1~2 个机器视觉应用案例,并解释其工作原理。

项目 2　光源系统的认知与选择

任务 1　光源的认知

光源是机器视觉系统中的关键组成部分，在机器视觉系统中十分重要。适当的光源照明设计，使图像中的目标信息与背景信息得到最佳分离，可以大大降低图像处理算法分割、识别的难度，同时提高系统的定位、测量精度，使系统的可靠性和综合性能得到提高。反之，如果光源设计不当，会导致在图像处理算法设计和成像系统设计中事倍功半。因此，光源及光学系统设计的成败是决定机器视觉系统成败的首要因素。在机器视觉系统中，光源的作用至少有以下几种：

1) 照亮目标，提高目标亮度。
2) 形成最有利于图像处理的成像效果。
3) 克服环境光干扰，保证图像的稳定性。
4) 用作测量的工具或参照。

由于没有通用的机器视觉照明设备，因此针对每个特定的应用实例，要设计相应的照明装置，以达到最佳效果。机器视觉系统中光源的价值也正在于此。

一、学习光源基础知识

光源是能够产生光辐射的辐射源，一般分为自然光源和人造光源。自然光源是自然界中存在的辐射源，如太阳等。人造光源是人为地将各种形式的能量（热能、电能、化学能）转化成光辐射能的器件，其中利用电能产生光辐射的器件称为电光源。光源的基本参数如下。

1. 辐射效率和发光效率

在给定波长 $\lambda_1 \sim \lambda_2$ 范围内，某一光源发出的辐射能通量与产生这些辐射能通量所需的电功率之比，称为该光源在规定光谱范围内的辐射效率。

机器视觉系统设计中，在光源的光谱分布满足要求的前提下，应尽可能选用辐射效率较高的光源。某一光源所发射的光通量与产生这些光通量所需的电功率之比，称为该光源的发光效率。在照明领域或者光度测量系统中，一般应选用发光效率较高的光源。

2. 光谱功率分布

自然光源和人造光源大都是由单色光组成的复色光。不同光源在不同光谱上将辐射出不同的光谱功率，常用光谱功率分布来描述。若令其最大值为 1，将光谱功率分布进行归一化，那么，经过归一化后的光谱功率分布称为相对光谱功率分布。

3. 空间光强分布

对于各向异性光源，其发光强度在空间各方向上是不同的。若在空间某一截面上，自原点向各径向取矢量，则矢量的长度与该方向的发光强度成正比。将各矢量的断点连起来，就得到光源在该截面上的发光强度曲线，即配光曲线。

4. 光源的色温

黑体的温度决定了它的光辐射特性。对于非黑体辐射，常用黑体辐射的特性近似地表示其某些特性。对于一般光源，经常用分布温度、色温或相关色温表示。

辐射源在某一波长范围内辐射的相对光谱功率分布，与黑体在某一温度下辐射的相对光谱功率分布一致，那么，黑体的这一温度就称为该辐射源的分布温度。辐射源辐射光的颜色与黑体在某一温度下辐射光的颜色相同，则黑体的这一温度称为该辐射源的色温。由于某种颜色可以由多种光谱分布产生，因此色温相同的光源，其相对光谱功率分布不一定相同。对于一般光源，若它的颜色与任何温度下的黑体辐射的颜色都不相同，则用相关色温表示该光源。在均匀色度图中，如果光源的色坐标点与某一温度下的黑体辐射的色坐标点最接近，则黑体的这一温度称为该光源的相关色温。

5. 光源的颜色

光源的颜色包含了两方面的含义，即色表和显色性。用眼睛直接观察光源时所看到的颜色称为光源的色表。例如，高压钠灯的色表呈黄色，荧光灯的色表呈白色。当用一种光源照射物体时，物体呈现的颜色（也就是物体反射光在人眼内产生的颜色感觉）与该物体在完全辐射体照射下所呈现的颜色的一致性，称为该光源的显色性。国际照明委员会（CIE）规定了14种特殊物体作为检验光源显色性的"试验色"。

6. 光源的寿命

机器视觉系统多用于工业现场，系统与器件的维护是用户关心的重要问题。采用长寿命光源降低后期维护费用是用户的广泛需求。常用的几种可见光源有白炽灯、荧光灯、汞灯和钠灯等，这些光源的一个最大缺点是光能不能保持长期稳定，衰减较快。以荧光灯为例，在使用的第一个100h内，光能将下降15%，随着使用时间的增加，光能还将不断下降。因此，如何使光能在一定程度上保持稳定，是实用化过程中亟需解决的问题。

发光二极管（LED）光源作为一种新型的半导体发光材料，在寿命方面具有非常明显的优势。

根据纽约特洛伊照明研究中心进行的独立研究测试所获得的结果可知，普通5mm LED在20mA 驱动电流下工作时，光衰情况为：2000～2500h，光衰到70%；6000h，光衰到50%。

另有资料显示，如果驱动电流降低到10mA，普通5mm LED 的衰减速度将大大降低，半衰期可达10000～30000h。新型的大功率LED 在寿命上又达到了一个新的高度，20000h光衰到80%，并且此后的衰减非常缓慢，半衰期可达到100000h 以上。LED 用作工业检测设备光源的优势非常明显，是今后机器视觉系统光源制作的首选器件。

7. 色光混合规律

光的三原色是红、绿、蓝，三原色中任意一色都不能由另外两种原色混合产生，而其他色光可由这三色光按照一定的比例混合出来。

（1）色光连续变化规律　由两种色光组成的混合色中，如果一种色光连续变化，则混合色也连续变化。

（2）补色规律　三原色光等量混合，可以得到白光。如果先将红光与绿光混合得到黄光，黄光再与蓝光混合，也可以得到白光。这两种颜色称为补色。最基本的补色有三对：红—青、绿—品红、蓝—黄。补色的一个重要性质：一种色光照射到其补色的物体上，则这种色光将被吸收。如用蓝光照射黄色物体，则呈现黑色。

（3）中间色规律　任何两种非补色光混合，可产生中间色。其颜色取决于两种色光的相对能量，其鲜艳程度取决于两者在色相顺序上的远近。

（4）代替规律　颜色外貌相同的光，不管它们的光谱成分是否一样，在色光混合中都具有相同的效果。凡是在视觉上相同的颜色都是等效的，即相似色混合后仍相似。

色光混合的代替规律表明，只要在感觉上颜色是相似的便可以相互代替，所得的视觉效果是相同的。以上四种规律是色光混合的基本规律，这些规律可以指导机器视觉光源系统设计。例如，可以根据目标的颜色不同来选择不同光谱的光源照射，利用补色规律和亮度相加原则得到突出目标亮度、削弱背景的目的，以达到最终突出目标的效果。

二、认识光源的类型

经过大量的研究和实验可以发现，对于不同的检测对象，必须采用不同的照明方式才能突出被测对象的特征，有时可能需要采取几种方式的组合，而最佳的照明方法和光源的选择往往需要大量的实验才能找到。除了要求设计人员有很强的理论知识外，还需要很高的创造性，这个看似简单的问题实际上是非常复杂的。下面对几种典型的光源进行简单的介绍与说明。

1. 前光源

前光源是指放置在待测物前方的光源，这种光照方式称为前光式照明，如图2-1所示。前光源又可以分为高角度与低角度两种，其区别在于光源与被测物待测表面之间的夹角大小不同。

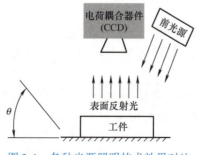

图2-1　各种光源照明技术效果对比

在选用高角度照明或低角度照明时，主要考虑被测物表面待测部分的机理，图2-2所示为对不同打印方式的字符的检测。

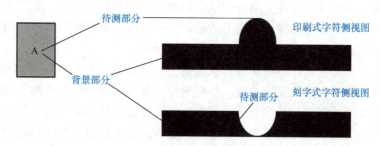

图 2-2　不同打印方式的字符表面

采用不同打印方式的字符，其待测部分的表面机理不同，印刷式字符采用高角度照明方式效果较好，而刻字式字符采用低角度照明方式效果更佳。

前光式照明主要用于检测反光与不平整表面，如IC芯片上的印刷式字符、电路板元器件、焊点、橡胶类制品、封盖标记、包装袋标记、封盖内部及底部的脏污等。

如图2-3所示，将机器视觉检测技术应用于汽车制造业，可以检测轮胎和轮盘上的字符。轮胎上的数字编号凸出于轮胎侧表面，且与背景颜色相同，因此很难判别。但是，采用前光源高角度照明法可以在相片上产生微妙的"凸出"效果，数字编号可清晰地浮现出来，大大有利于后期数字编号的图像处理与识别。

a) 待测轮胎　　　　　　　b) 高角度照明法下轮胎数字编号的图片

图 2-3　轮胎字符检测

如图2-4所示，在检测轮盘上的字符时，鉴于文字是刻在涂层表面上的，采用低角度照明法，采集的图片中原本凹陷入轮盘里的字符与背景形成了鲜明的对比，十分有利于后续图像处理。

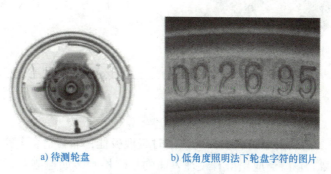

a) 待测轮盘　　　　　　　b) 低角度照明法下轮盘字符的图片

图 2-4　轮盘字符检测

2. 背光源

背光源与前光源在放置位置上刚好相反，即放置于待测物体背面，如图 2-5 所示。通过背光源照射待测物体，相对摄像机形成不透明物体的阴影或观察透明物体的内部时，使待测物透光与不透光部分边缘清晰，为图像边缘提取奠定基础。

由于背光源能充分突出待测物体的轮廓信息，因此，它主要用于被测对象的轮廓检测、透明体的污点缺陷检测、液晶文字检查、小型电子元器件尺寸和外形检测、轴承外观和尺寸检查、半导体引线框外观和尺寸检查等。图 2-6 所示为采用背光源照射一个多孔齿轮所拍摄的图片，齿轮上的圆孔与齿牙的轮廓十分清晰，这为齿轮不良品（No Good, NG）判定的后续图像处理打下了良好基础。

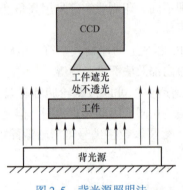

图 2-5 背光源照明法

图 2-6 背光源照射下齿轮的图片

3. 环形光源

环形光源的实物如图 2-7a 所示，它能为待测物体提供大面积均衡的照明。实际应用中，环形光源与 CCD 镜头同轴安放，一般与镜头边缘相对齐。环形光源的优点在于可直接安装在镜头上，如图 2-7b 所示，与待测物体距离合适时，可大大减少阴影，提高对比度，可实现大面积荧光照明。但应用距离不合适时会造成环形反光现象。

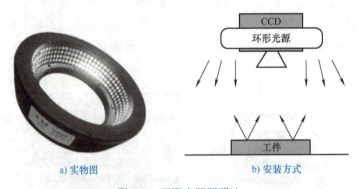

a) 实物图   b) 安装方式

图 2-7 环形光源照明法

环形光源在检测高反射率材料表面的缺陷时表现极佳，非常适合电路板和球栅阵列封装（BGA）缺陷的检测。它广泛应用于有纹理表面的物体检测，如检测 IC 芯片上的印刷字符、印制电路板上的零件、塑料盖上的污点和各种产品标签等。

如图2-8所示,用蓝色环形光源照射待测BGA焊点和金属导线,既去除了金属导线图案,又突出了焊点,图像中仅焊点部分呈白色。从图2-8b中还可清晰地看到左上方的瑕疵,为后续识别处理奠定了基础。

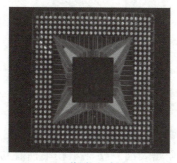
a) 待测BGA焊点

b) 蓝色环形光源下BGA焊点的图片

图2-8 BGA焊点检测

图2-9所示为采用环形光源照射电容和晶体振荡器的拍摄图像效果。图2-9a中电容上的白色印刷字符与黑色背景形成鲜明对比,字体的轮廓非常清晰;图2-9b中晶体振荡器上的印刷字符也突出于金属外壳之上。这种图片的字符成像效果已可以满足字符识别算法的基本要求。

a) 用环形光源拍摄电容图片

b) 用环形光源拍摄晶体振荡器图片

图2-9 电子元器件字符检测

4. 点光源

点光源的实物如图2-10a所示,它结构紧凑,能够使光线集中照射在一个特定距离的小视场范围内。一般将点光源安置于工件前方,采用前光源照明方式,以一定的角度从正面直接对准工件上感兴趣的区域,如图2-10b所示。在点光源高亮度、均匀强光的照射下,采集的图像对比度高,对检测物体反射表面上的阴影、微小缺陷和凹痕十分有效,对条形码识别和激光打印字符的检测也特别有用。

在检测凸轮、齿轮损伤缺陷时,可以采用平行度误差较小的点光源照明,采集的凸轮表

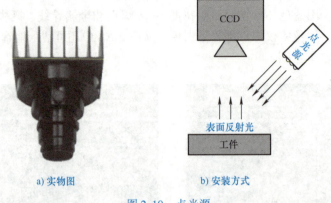

a) 实物图　　　　　　　　　b) 安装方式

图 2-10　点光源

面缺陷图像如图 2-11 所示。点光源能均匀照射金属表面，检测出伤痕所在位置。检测一维条形码时，也可以选用点光源直接照射感兴趣的区域，采集的一维条形码图像如图 2-12 所示，该图像为后续图像处理提供了很好的素材。

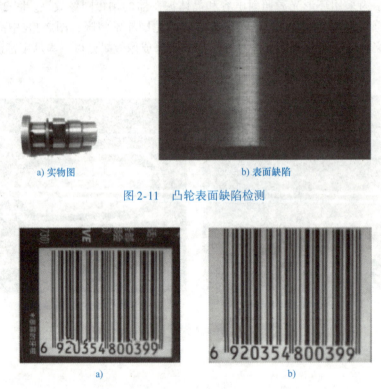

a) 实物图　　　　　　　　　b) 表面缺陷

图 2-11　凸轮表面缺陷检测

a)　　　　　　　　　b)

图 2-12　条形码检测

5. 可调光源

可调光源是可以通过电流调整器、亮度控制器或频闪控制器来调整光源亮度或频闪速度的一种光源。由于可调光源的调节主要由控制器实现，因此下面对这些控制器做简单介绍。

（1）电流调整器和亮度控制器　电流调整器包括单信道与双信道输出的恒流控制器、四信道带触摸屏的亮度控制器、RGB 光源彩色分量调节控制器，这些给机器视觉的光源设计提供了较多的选择机会。

（2）频闪控制器　频闪控制器是一种为 LED 光源提供频闪电源和连续控制的直流电源的控制器，主要用于实现对最新一代大电流 LED 光源、大面积线组光源以及大面积表面贴片背光源的控制。频闪控制器结合大电流 LED 光源可以替代氙光源。

三、掌握光源照射方式

目前，机器视觉领域主要的照射光种类如下：

（1）平行光　照射角整齐的光称为平行光，如太阳光。发光角度越小的 LED，其直射光越接近平行光。

（2）直射光　LED 光源直接照射对象的光。

（3）漫射光　各种角度的光源混合在一起的光。日常生活用光几乎都是漫射光。

（4）偏光　光源的传递方向在特定的垂直平面上，使波动受到限制的光。通常利用偏光板来防止特定方向的反射。

图 2-13 所示为几种不同光源照明技术的效果对比，主要包括直射光与漫射光、明视野与暗视野、透射照明、偏光、补色技术。

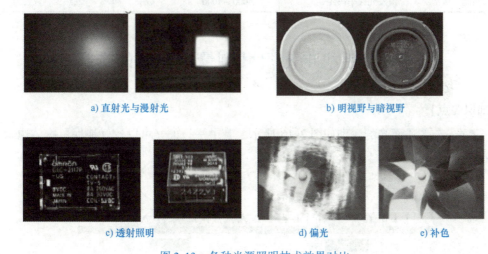

a) 直射光与漫射光　　b) 明视野与暗视野

c) 透射照明　　d) 偏光　　e) 补色

图 2-13　各种光源照明技术效果对比

四、了解几种典型光源

目前，光源和照明是否优良是决定机器视觉应用系统成败的关键，优良的光源系统应当具有以下特征：①尽可能突出目标的特征，在物体需要检测的部分与非检测部分之间尽可能产生明显的区别，增加对比度；②保证足够的亮度和稳定性；③物体位置的变化不应影响成像的质量。

常见的光源包括高频荧光灯、光纤卤素灯、LED 等，如图 2-14 所示。选择光源时，需要考虑光源的照明亮度、均匀度、发光的光谱特性是否符合实际要求，同时还要考虑光源的发光效率和使用寿命。

a) 高频荧光灯　　　　　　b) 光纤卤素灯　　　　　　c) LED

图 2-14　常见的光源

表 2-1 所列为几种主要光源的特性。其中，LED 具有显色性好、光谱范围宽（可覆盖整个可见光范围）、发光强度高、稳定时间长等优点，而且随着制造技术的成熟，其价格越来越低，必将在现代机器视觉领域得到越来越广泛的应用。

表 2-1　几种主要光源的特性

光源	颜色	寿命/h	发光亮度	特点
卤素灯	白色，偏黄	5000～7000	很亮	发热多，较便宜
荧光灯	白色，偏绿	5000～7000	亮	较便宜
LED 灯	红色、黄色、绿色、白色、蓝色	6000～100000	较亮	固体，能做成很多形状
氙灯	白色，偏蓝	3000～7000	亮	发热多，持续发光
电致发光管	由发光频率决定	5000～7000	较亮	发热少，较便宜

任务 2　手机电池尺寸测量中光源的选择

【知识要点】

平行面光与普通面光的区别如图 2-15 所示，其中平行面光可以较好地保留物体边缘。

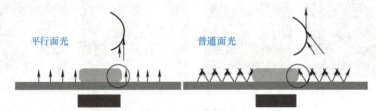

图 2-15　平行面光与普通面光

【任务要求】

为手机电池尺寸的测量选择合适的光源。

【任务实施】

1）对小型电子元器件尺寸进行测量时，一般选取背光源，它可以充分突出待测物体的轮廓和边缘信息，其中平行面光源具有更好的方向性，LED 经结构优化均匀分布于光源底部，常用于外形轮廓和尺寸测量，因此，此处选择比实际拍摄视野略大的平行面光源、相机、镜头等搭建图像采集系统，如图 2-16 所示。其中，WD 表示工作距离，工业相机分辨率为 500 万像素。

项目 2　光源系统的认知与选择

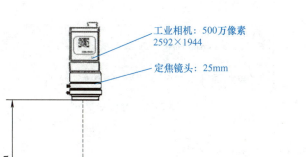

图 2-16　图像采集系统示意图

2）由于本书使用 VisionPro 软件进行图像采集与处理，因此在这里首先介绍在 VisionPro 环境中对工业相机进行 GigE 配置，如图 2-17 所示。

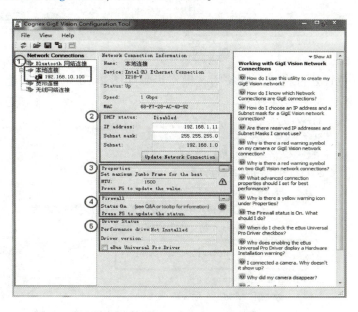

图 2-17　工业相机 GigE 配置

图 2-17 中，①位置处为相机 IP 地址 "192.168.10.100"；②位置处为本地 IP 地址 "192.168.1.11"。将②位置处的本地 IP 地址改为 "192.168.10.11"，使这两处 IP 地址为同一网段，即前三位一样，第四位不一样。修改后单击左上角的刷新按钮，①位置处的感叹号会消失，表示此时 IP 地址匹配成功。

将③位置处的 MTU 修改为最大值，如图 2-18 和图 2-19 所示。

17

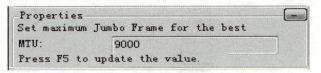

图 2-18　修改 MTU 值

图 2-19　设置 MTU

在图 2-17 ④位置处可将防火墙关闭，操作步骤如图 2-20 所示。勾选 "eBus Universal Pro Driver" 复选框，如图 2-21 所示。

图 2-20　关闭防火墙

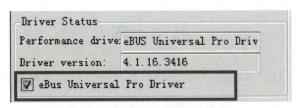

图 2-21　勾选 eBus Universal Pro Driver

3）打开 VisionPro，选择 Image Source 工具，设置曝光参数进行取相，如图 2-22 所示。

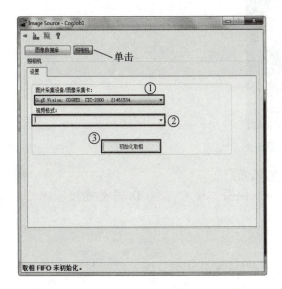

图 2-22　图像初始化

4）单击运行按钮 ▶，采集一张照片。右击图像，可以将图像保存为本地文件，如图 2-23 所示。

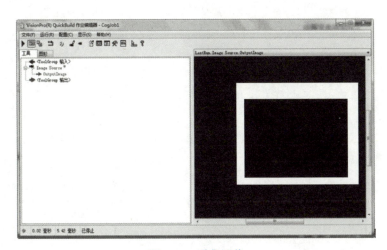

图 2-23　采集图像

习　题

1. 图 2-24 所示的白色产品上印有蓝色和红色字符，仅需检测蓝色字符，使用（　　）光源最好。

　　A. 红光　　　　B. 绿光　　　　C. 蓝光　　　　D. 红外光

图 2-24　待检测图像

2. 以下（　　）滤镜可以消除金属产品上的眩光。

　　A. 低通　　　　B. 紫外　　　　C. 偏振　　　　D. 中性密度

3. 列举你知道的 LED 光源名称。

4. 画出同轴光的光路图。

5. 画出暗场照明的光路图。

项目3　工业镜头的认知与选择

任务1　工业镜头的认知

一、学习透镜成像原理

1. 透镜成像规律

透镜分为凸透镜和凹透镜。凸透镜成像规律：物体放在焦点之外，在凸透镜另一侧成倒立的实像，实像有缩小、等大、放大三种。物距越小，像距越大，实像越大。物体放在焦点之内，在凸透镜同一侧成正立放大的虚像。物距越大，像距越大，虚像越大。凹透镜对光线起发散作用，它的成像规律则要复杂得多。

在光学中，由实际光线汇聚成的像，称为实像，能用光屏承接；反之，则称为虚像，只能由眼睛感觉。一般来说，实像都是倒立的，而虚像都是正立的。所谓正立和倒立，是相对于原物体而言的。

平面镜、凸面镜和凹透镜所成的三种虚像，都是正立的；而凹面镜和凸透镜所成的实像，以及小孔成像中所成的实像，则都是倒立的。当然，凹面镜和凸透镜也可以成虚像，而它们所成的两种虚像，同样是正立的状态。

那么，人眼所成的像是实像还是虚像呢？由于人眼的结构相当于一个凸透镜，因此，外界物体在视网膜上所成的像一定是实像。根据上面的经验规律，视网膜上的物像应该是倒立的，但人眼平常看见的物体却是正立的，这实际上涉及大脑皮层的调整作用以及生活经验的影响。

2. 凸透镜

凸透镜是根据光的折射原理制成的。凸透镜是中央较厚、边缘较薄的透镜，有双凸、平凸和凹凸（或正弯月形）等形式。较厚的凸透镜则有望远、会聚等作用，故又称其为会聚透镜。

凸透镜主要涉及主轴、光心、焦点、焦距、物距和像距等概念。通过凸透镜两个球面球心的直线称为主光轴，简称主轴。凸透镜的中心 O 称为光心。平行于主轴的光线经凸透镜后会聚于主光轴上一点 F，该点称为凸透镜的焦点。焦点 F 到凸透镜光心 O 的距离称为焦距，用 f 表示，凸透镜的球面半径越小，焦距越短。物体到凸透镜光心的距离称为物距，用 u 表示。物体经凸透镜所成的像到凸透镜光心的距离称为像距，用 v 表示。

将平行光线（如阳光）平行于主光轴射入凸透镜，光在透镜的两面经过两次折射后，集中在焦点 F 上。凸透镜的两侧各有一个实焦点，如果是薄透镜，则两个焦点到凸透镜中心的距离大致相等。凸透镜成像示意图如图 3-1 所示。凸透镜可用于放大镜、老花眼、摄影机、电影放映机、幻灯机、显微镜、望远镜的透镜等。

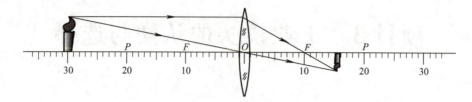

图 3-1 凸透镜成像示意图

注：图中数字代表单位距离。

凸透镜成像规律可以描述为：2 倍焦距以外，成倒立缩小实像；1 倍焦距到 2 倍焦距之间，成倒立放大实像；1 倍焦距以内，成正立放大虚像。成实像时，物和像在凸透镜异侧；成虚像时，物和像在凸透镜同侧，并以 1 倍焦距分虚实（和正倒）、2 倍焦距分大小，物近像远像变大、物远像近像变小，如图 3-2 所示。

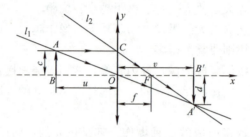

图 3-2 凸透镜成像原理

凸透镜成像满足 $1/v + 1/u = 1/f$。其中，物距 u 恒取正值；像距 v 的正负由像的实虚来确定，实像时为正，虚像时为负；凸透镜的 f 为正值，凹透镜的 f 为负值。

照相机运用的就是凸透镜的成像规律，镜头成像原理如图 3-3 所示。镜头就是一个凸透镜，要照的景物就是物体，胶片就是屏幕。照射在物体上的光经过漫反射通过凸透镜将物体的像成在最后的胶片上，胶片上涂有一层对光敏感的物质，它在曝光后将发生化学变化，物体的像就被记录在胶卷上。至于物距、像距的关系，与凸透镜成像规律完全一样。物体靠近时，像越来越远、越来越大，最后再同侧成虚像。

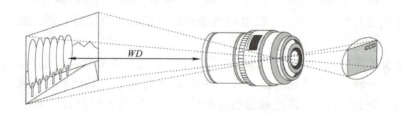

图 3-3 镜头成像原理

另外，当物体在无穷远处时，可以近似地认为像在焦点处。物体远离凸透镜时，像会靠近凸透镜。当物从无穷远处移动至距离像 $2F$ 处时，物的移动速度比像要快。

二、掌握工业镜头的基本参数

工业镜头的成像原理和常用的单反相机、数码相机、手机摄像模组等光学成像装置一样,都是凸透镜小孔成像。其不同之处,主要在于镜头接口和应用场合不同。本节将分别针对镜头的物理接口、光学尺寸、视场角、焦距、自动调焦及景深等概念进行详述。

1. 镜头的物理接口

镜头的物理接口是非常简单的概念,其实就是镜头和相机连接的物理接口方式。工业镜头常用接口形式有 C 口、CS 口、F 口等,其中 C/CS 是专门用于工业领域的国际标准接口。镜头选择何种接口,应以相机的物理接口为准。不同物理接口的镜头如图 3-4 所示。

图 3-4 不同物理接口的镜头

2. 光学尺寸

镜头光学尺寸是指镜头最大能兼容的 CCD 芯片尺寸。相机之所以能成像,是因为镜头把物体反射的光线打到了 CCD 芯片上面。因此,镜头的镜片直径(设计相面尺寸)应大于或等于 CCD 芯片尺寸。常见镜头的相面尺寸有 1/3in、1/2in、2/3in、1in 等,其中 1/3in 和 1/2in 常用于监控行业,其成本较低,分辨力也较低。图 3-5 所示为各种相面尺寸对应的实际尺寸。

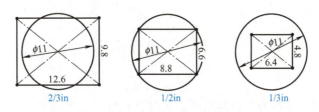

图 3-5 各种相面尺寸对应的实际尺寸

3. 视场角

如图 3-6 所示,视场(Field of View,FOV)就是整个系统能够观察的物体的尺寸范围,进一步分为水平视场和垂直视场,也就是 CCD 芯片上最大成像对应的实际物体大小,定义为

$$FOV = L/M \tag{3-1}$$

式中，L 是 CCD 芯片的高度或宽度；M 是放大率，定义为

$$M = h/H = v/u \tag{3-2}$$

式中，h 是像高；H 是物高；u 是物距；v 是像距。FOV 也可以表示成镜头对视野的高度和宽度的张角，即视场角 α，定义为

$$\alpha = 2\theta = 2\arctan\left[L/(2v)\right] \tag{3-3}$$

通常用视场角来表示视场的大小，且按照视场大小，可以把镜头分为鱼眼镜头、超广角镜头、广角镜头和标准镜头。

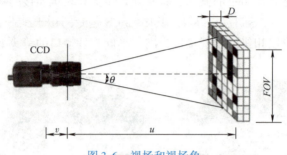

图 3-6 视场和视场角

4. 焦距

焦距是光学系统中衡量光的聚集或发散程度的参数，是从透镜中心到光聚集焦点的距离，也是相机中从镜片中心到底片或 CCD 等成像平面的距离。简单地说，焦距是焦点与面镜顶点之间的距离。

镜头焦距的长短决定着视场角的大小，焦距越短，视场角就越大，观察范围也越大，但远处的物体不清楚；焦距越长，视场角就越小，观察范围也越小，很远的物体也能看清楚。因此，短焦距的光学系统比长焦距的光学系统有更好的集聚光的能力。由此可见，焦距和视场角一一对应，一定的焦距就意味着一定的视场角。因此，选择焦距时应该充分考虑是要观察细节还是要有较大的观测范围。如果需要观测近距离大场面，就选小焦距的广角镜头；如果需要观察细节，则应选择焦距较大的长焦镜头。以 CCD 为例，焦距的参考公式为

$$\alpha = 2\arctan\frac{SR}{2WD} \tag{3-4}$$

$$f = \frac{d}{2\tan(\alpha/2)} \tag{3-5}$$

式中，SR 为景物范围；WD 为工作距离；d 为 CCD 尺寸。这里应注意，SR 和 d 要保持一致性，即同为高或同为宽。实际选用时还应留有余量，即应选择比计算值略小的焦距。

5. 自动调焦

在机器视觉系统中，调焦直接影响光测设备的测量效果，特别是在光测设备对运动目标进行拍摄的过程中，目标与光测设备之间的距离随时发生变化，因而需要不断地调整光学系统的焦距，从而调整目标像点的位置，使其始终位于焦平面上，以获得清晰的图像。对光学镜头进行手动调焦，其调节过程长，调焦精度受人为影响较大，成像效果往往不能满足需

要，而自动调焦技术能很好地解决这一问题。

自动调焦相机利用电子测距器自动调焦，采集图片时，根据被摄目标的距离，电子测距器可以把前后移动的镜头控制在相应的位置上，或将镜头旋转至需要的位置，使被摄目标成像达到最清晰。

自动调焦有几种不同的方式，目前应用最多的是主动式红外系统。这种系统的工作过程是从相机发光元件发射出一束红外线，照射到被摄物主体后反射回相机，由感应器接收回波。相机根据发光光束与反射光束所形成的角度来测知拍摄距离，实现自动调焦。采用这种方式的自动调焦相机，因为是由自身发出照射光，所以其调焦精度与被摄物的亮度和反差无关，即使是在室内等较暗的环境下，也可以顺利地进行拍摄。但是，由于这种方式是以被摄物反射的红外线为检测对象，因此，对于反射率较低或面积太小的被摄物，有时不能发挥其功能。

6. 景深

景深（DOF）是指在摄影机镜头或其他成像器前沿，能够取得清晰图像的成像所测定的被摄物体前后距离范围。在聚焦完成后，焦点前后范围内所呈现的是清晰的图像，这一前后距离范围便是景深。光圈、镜头及到拍摄物的距离是影响景深的重要因素。

与光轴平行的光线射入凸透镜时，理想的镜头应该是所有的光线聚集在一点后，再以锥状扩散开来，焦点就是聚集所有光线的点。在焦点前后，光线开始聚集和扩散，点的影像变得模糊，形成一个扩大的圆，这个圆称为弥散圆。

在现实中，人们是以某种方式（如投影、放大成照片等）来观察所拍摄影像的，人眼所感受到的影像与放大倍率、投影距离及观看距离等有很大的关系，如果弥散圆的直径大于人眼的鉴别能力，则在一定范围内将无法辨认模糊的影像。这个不能被人眼辨认影像的弥散圆称为容许弥散圆，在焦点的前后各有一个容许弥散圆。

以持照相机拍摄者为基准，从焦点到近点容许弥散圆的距离称为前景深，从焦点到远点容许弥散圆的距离称为后景深，如图 3-7 所示。

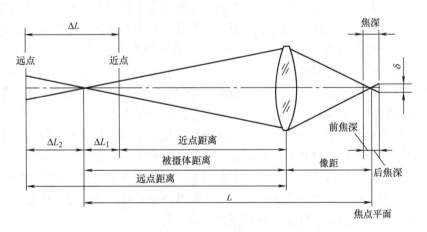

图 3-7　景深

δ—弥散圆直径　L—拍摄距离　ΔL_1—前景深　ΔL_2—后景深　ΔL—景深

前景深
$$\Delta L_1 = \frac{F\delta L^2}{f^2 + F\delta L} \tag{3-6}$$

后景深
$$\Delta L_2 = \frac{F\delta L^2}{f^2 - F\delta L} \tag{3-7}$$

景深
$$\Delta L = \Delta L_1 + \Delta L_2 = \frac{2f^2 F\delta L^2}{f^4 - F^2\delta^2 L^2} \tag{3-8}$$

影响景深的重要因素如下：
（1）镜头光圈　光圈越大，景深越浅；光圈越小，景深越深。
（2）镜头焦距　镜头焦距越长，景深越浅；焦距越短，景深越深。
（3）物体与背景之间的距离　距离越远，景深越深；距离越近，景深越浅。
（4）物体与镜头之间的距离　距离越远，景深越浅；距离越近（不能小于最小拍摄距离），景深越深。

从上述可以看出，后景深大于前景深。在进行拍摄时，调节相机镜头，使与相机成一定距离的景物清晰成像的过程，称为调焦。那个景物所在的点，称为调焦点。因为清晰并不是一种绝对的概念，所以调焦点前（靠近相机）后一定距离内的景物的成像都可以是清晰的，这个前后范围的总和就是景深，即在这一范围之内的景物，都能清楚地拍摄到。

三、了解工业镜头分类

工业镜头作为机器视觉的"眼睛"，其重要性已不用提及。工业镜头有多种分类方法，各类镜头都具备自己独特的技术优势，因此也有着不同的行业应用。

1. 根据焦距分类

根据焦距能否调节，可分为定焦距镜头和变焦距镜头两大类。根据焦距的长短，定焦距镜头又可分为鱼眼镜头、短焦镜头、标准镜头、长焦镜头四大类。需要注意的是，焦距长短的划分并不是以焦距的绝对值为首要标准，而是以像角的大小为主要区分依据，所以当靶面的大小不等时，其标准镜头的焦距大小也不同。变焦镜头上都有变焦环，调节该环可以使镜头的焦距值在预定范围内灵活改变。变焦距镜头最长焦距值和最短焦距值的比值称为该镜头的变焦倍率。变焦镜头又可分为手动变焦和电动变焦两大类。

变焦镜头由于具有可连续改变焦距值的特点，在需要经常改变摄影视场的情况下使用非常方便，所以在摄影领域应用非常广泛。但由于变焦距镜头的透镜片数多、结构复杂，因此最大相对孔径不能做得太大，致使图像亮度较低、图像质量变差，同时在设计中也很难针对各种焦距、各种调焦距离做像差校正，所以其成像质量无法和同档次的定焦距镜头相比拟。

实际中常用的镜头焦距是在 4～300mm 范围内有很多等级，如何选择焦距合适的镜头是进行机器视觉系统设计时需要考虑的一个主要问题。光学镜头的成像规律可以根据两个基本成像公式——牛顿公式和高斯公式来推导，对于机器视觉系统的常见设计模型，一般是根据成像的放大率和物距这两个条件来选择焦距合适的镜头。

2. 根据镜头接口类型分类

镜头和摄像机之间的接口有许多不同的类型，工业摄像机常用的包括 C 接口、CS 接口、

F 接口、V 接口、T2 接口、徕卡接口、M42 接口、M50 接口等。接口类型与镜头性能及质量并无直接关系，只是接口方式不同而已，一般也可以找到各种常用接口之间的转换接口。

C 接口和 CS 接口是工业摄像机上最常见的国际标准接口，两者均为 1in 32UN 寸制螺纹连接口，其区别在于 C 接口的后截距为 17.5mm，而 CS 接口的后截距为 12.5mm，如图 3-8 所示。所以 CS 接口的摄像机可以与 C 接口和 CS 接口的镜头连接使用，只是使用 C 接口镜头时需要加一个 5mm 的接圈；而 C 接口的摄像机则不能用 CS 接口的镜头。

图 3-8　镜头后截距

F 接口是尼康镜头的标准接口，所以又称尼康接口，也是工业摄像机中常用的接口类型，一般摄像机靶面大于 1in 时需用 F 接口镜头。

V 接口是施奈德镜头主要使用的标准接口，一般也用于摄像机靶面较大或具有特殊用途的镜头。

3. 特殊用途的镜头

（1）显微（Micro）镜头　一般是成像比例大于 10∶1 的拍摄系统使用，但由于现在摄像机的像元尺寸已经做到 3μm 以内，因此一般成像比例大于 2∶1 时也会选用显微镜头。

（2）微距（Macro）镜头　一般是指成像比例在 1∶4～2∶1 范围内的特殊设计的镜头。在对图像质量要求不是很高的情况下，一般可采用在镜头和摄像机之间加近摄接圈或在镜头前加近拍镜的方式达到放大成像的效果。

（3）远心（Telecentric）镜头　主要是为纠正传统镜头的视差而特殊设计的镜头，它可以在一定的物距范围内，使得到的图像放大倍率不随物距的变化而变化，这对被测物不在同一物面上的情况是非常有用的。

（4）紫外（Ultraviolet）镜头和红外（Infrared）镜头　一般镜头是针对可见光范围内的应用设计的，由于同一光学系统对不同波长光线的折射率不同，导致同一点发出的不同波长的光成像时不能会聚成一点，从而产生了色差。常用镜头的消色差设计也是针对可见光范围的，紫外镜头和红外镜头则是专门针对紫外线和红外线进行设计的镜头。

任务 2　于机电池尺寸测量中镜头的选择

【知识要点】

1）定焦镜头一般存在视差。所谓视差，即因工作距离不同、透镜放大倍率不同而导致的近大远小的现象。

2)透镜由于制造精度以及组装工艺的偏差会引入畸变,导致原始图像失真。一般情况下,越靠近视野边缘畸变越明显。

3)远心镜头独特的透镜组结构,可以较好地克服透视误差。

4)定焦镜头工作距离、焦距和视野之间的关系为

$$放大倍率 = \frac{传感器尺寸(h 或 v)}{视野(H 或 V)} = \frac{f}{WD} \tag{3-9}$$

【任务要求】

待测量手机电池如图3-9所示,已知工作距离小于500mm,相机靶面尺寸为1/2.5in $[5.70\text{mm}(h) \times 4.28\text{mm}(v)]$,手机电池尺寸为50mm×60mm,分别给出定焦镜头和定倍镜头的选择过程。

图3-9 待测量手机电池

【任务实施】

1)根据手机电池尺寸,估算视野大小为80mm×60mm。

2)假设工作距离WD为450mm,若选择定焦镜头,则根据式(3-9)可以得到$f = WD \frac{h}{H} = 450 \times \frac{5.7}{80}\text{mm} = 32.06\text{mm}$。所以可以选择焦距为35mm的定焦镜头,并适当增大工作距离;或者选择焦距为25mm的镜头,并适当减小工作距离。

3)若选择定倍镜头,则放大倍率为

$$放大倍率 = \frac{传感器尺寸(h 或 v)}{视野(H 或 V)} = \frac{5.7}{80} = 0.071$$

所以可以选择放大倍率在0.07附近的定倍远心镜头。在实验室条件下选择25mm定焦镜头,工作距离为385mm时,实际视野大小为90mm×67.5mm。

习　题

1. 影响视野大小的因素有（　　）。
   A. 物距　　　　B. 像距　　　　C. 成像面大小　　　　D. 被拍摄物体大小
2. 白色表示光圈大小，图 3-10 中（　　）能得到最大的景深。

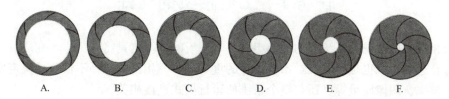

图 3-10　习题 2 图

3. 以下（　　）属于镜头畸变。
   A. 桶形畸变　　B. 偏移畸变　　C. 伸展畸变　　　　D. 枕形畸变
4. 填写图 3-11 各方框对应的专业术语。

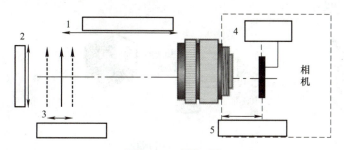

图 3-11　习题 4 图

5. 什么是透视误差？画图说明透视误差的原理。
6. 比较远心镜头与普通工业镜头的差异并对两者的拍摄效果进行对比。
7. 总结自动调焦镜头的原理及实现方法。

项目4 工业相机的认知与选择

任务1 工业相机的认知

工业相机是机器视觉系统中的关键组件，其本质的功能就是将光信号转变成有序的电信号。选择合适的相机也是机器视觉系统设计的重要环节，相机的选择不仅直接决定所采集到的图像分辨率、图像质量等，还与整个系统的运行模式直接相关。

一、学习相机成像原理

用一个带有小孔的板遮挡在屏幕与物之间，屏幕上就会形成物的倒像，这样的现象称为小孔成像，如图4-1所示。前后移动中间的板，像的大小也会随之发生变化。这种现象反映了光是沿直线传播的。

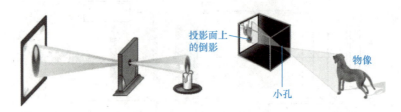

图4-1 小孔成像

在发明相机之前，人们就已经开始利用小孔成像原理制造各类光学成像装置，这种装置被称为暗箱。19世纪上半叶，人们终于找到了固定保存暗箱中投影面上光学图像的方法与介质，照相机工业由此发端，因此暗箱被认为是照相机的祖先。图4-2为相机成像示意图，照相机的成像原理即来源于小孔成像，镜头是智能化的小孔，通过复杂的镜头组件实现不同的成像距离（即俗称的各个焦段）。

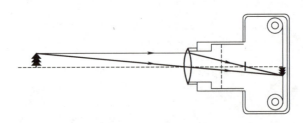

图4-2 相机成像示意图

对于胶片相机而言，景物的反射光线经过镜头的会聚，在胶片上形成潜影，这个潜影是光和胶片上的乳剂发生化学反应的结果，再经过显影和定影处理形成影像。数码相机是通过光学系统将影像聚焦在成像元件CCD/CMOS上，通过A/D转换器将每个像素上的光电信号转化为数码信号，再经过数字信号处理器（DSP）处理成数码图像，存储在存储介质中。下面以 CCD 为例简单描述相机的成像原理与过程：

1）当使用数码相机拍摄景物时，景物反射的光线通过数码相机的镜头透射到 CCD 上。

2）当 CCD 曝光后，光敏二极管受到光线的激发而释放出电荷，生成感光元件的电信号。

3）CCD 控制芯片利用感光元件中的控制信号电路对发光二极管产生的电流进行控制，由电流传输电路输出，CCD 会将一次成像产生的电信号收集起来，统一输出到放大器。

4）经过放大和滤波后的电信号被传送到模/数转换器（ADC），由 ADC 将电信号（模拟信号）转换为数字信号，数值的大小和电信号的强度与电压的高低成正比，这些数值其实也是图像的数据。

5）此时，这些图像数据还不能直接生成图像，还要输出到 DSP 中，DSP 对这些图像数据进行色彩校正、白平处理，并编码为数码相机所支持的图像格式、分辨率，然后才会被存储为图像文件。

二、了解 CCD 与 COMS 成像过程

1. CCD 传感器

（1）线阵 CCD 传感器　以图 4-3 所示的线阵 CCD 传感器为例来描述 CCD 传感器的结构。CCD 传感器由一行对光线敏感的光电探测器组成，光电探测器一般为光栅晶体管或光敏二极管。这里仅把光电探测器看作能将光子转换为电子并将电子转换为电流的设备，而不讨论其涉及的物理问题。每种光电探测器都有可以存储的电子数量的上限，通常取决于光电探测器的大小。曝光时光电探测器累积电荷，通过转移门电路，电荷被移至串行读出寄存器而读出。每个光电探测器对应一个读出寄存器。串行读出寄存器也是光敏的，必须由金属护罩遮挡，以避免读出期间接收到其他光子。读出的过程是将电荷转移到电荷转换单元，转换单元将电荷转换为电压，并将电压放大。每个 CCD 传感器最多由 4 个门组成，这些门在一定方向上传输电荷。电荷转换为电压并放大后，就可以转换为模拟或数字视频信号。对于数字视频信号，是由模拟电压通过模/数转换器（ADC）转换为数字电压的。

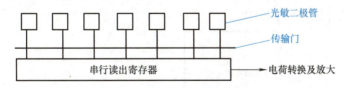

图 4-3　线阵 CCD 传感器

线阵 CCD 传感器只能生成高度为 1 行的图像，在实际中用途有限，因此常通过多行组成二维图像。为得到有效图像，线阵 CCD 传感器必须相对于被测物做某种运动。一种方法是将传感器安置在运动的被测物（如传送带）上方；第二种方法是被测物不动而传感器相对被测物运动，如印制电路板成像和平板扫描仪的原理。

使用线阵 CCD 传感器采集图像时，传感器本身必须与被测物平面平行并与运动方向垂直以保证得到矩形像素。同时，根据线阵 CCD 传感器的分辨率，线采集频率必须与摄像机、

被测物间的相对运动速度相匹配以得到矩形像素。如果运动速度是恒定的，则可以保证所有像素采集到的图像具有一致性。如果运动速度是变化的，就需要由编码器来触发传感器采集每行图像。相对运动可以由步进电动机驱动产生。由于很难做到使传感器非常好地与运动方向相匹配，在有些应用中，必须采用摄像机标定方法来确保测量精度达到要求。

线阵 CCD 传感器的线读出频率为 14~140kHz，这显然会限制每行的曝光时间，因此线扫描应用要求使用非常强的照明。同时镜头的光圈通常要求较小的 f 值，从而严重地限制了景深。所以线扫描应用系统中参数的设定是很有挑战性的。

（2）面阵 CCD 传感器　图 4-4 所示为线阵 CCD 传感器扩展为全帧转移型面阵 CCD 传感器的基本原理。光在光电探测器中转换为电荷，电荷按行的顺序转移到串行读出寄存器，然后按与线阵 CCD 传感器相同的方式转换为视频信号。

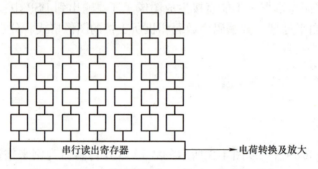

图 4-4　全帧转移型面阵 CCD 传感器

在读出过程中，光电传感器还在曝光，仍有电荷在积累。由于上面的像素要经过下面的像素移位移出，因此，像素积累的全部场景信息就会发生拖影现象。为了避免出现拖影，必须加上机械快门或利用闪光灯，这是全帧转移型面阵 CCD 传感器的最大缺点。其最大的优点是填充因子（像素光敏感区域与整个靶面之比）可达 100%，这可使像素的光敏度最大化以及图像失真最小化。

为了解决全帧转移型面阵 CCD 传感器的拖影问题，可在全帧转移型传感器的基础上加上用于存储的传感器，在这个传感器上覆盖金属光屏蔽层，构成帧转移型面阵 CCD 传感器，如图 4-5 所示。对于这种类型的传感器，图像产生于光敏感传感器，然后转移至光屏蔽存储阵列，在空闲时从存储阵列中读出。

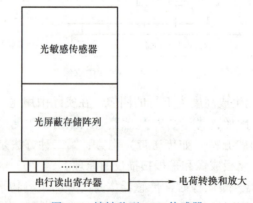

图 4-5　帧转移型 CCD 传感器

由于两个传感器间的转移速度很快,因此拖影现象可以大大减少。帧转移型 CCD 传感器的最大优点是其填充因子可达 100%,而且不需要使用机械快门或闪光灯。但是,在两个传感器间传输数据的短暂时间内图像还是在曝光,因而还是有残留的拖影存在。帧转移型 CCD 传感器的缺点是其通常由两个传感器组成,因此成本高。

由于高灵敏度和拖影等特征,全帧转移型 CCD 传感器和帧转移型 CCD 传感器通常用于曝光时间比读出时间长的科学研究等应用领域。

(3)隔列转移型 CCD 传感器 图 4-6 所示为隔列转移型 CCD 传感器。除光电探测器外(通常情况下为光敏二极管),这种传感器还包含一个带有不透明的金属屏蔽层的垂直转移寄存器。图像曝光后,积累到的电荷通过传输门电路(图 4-6 中未画出)转移到垂直转移寄存器,这一过程通常在 $1\mu s$ 内完成。电荷通过垂直转移寄存器移至串行读出寄存器,然后读出并形成视频信号。

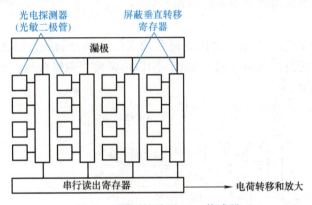

图 4-6 隔列转移型 CCD 传感器

由于电荷从光敏二极管传输至屏蔽垂直转移寄存器的速度很快,因此图像没有拖影,所以不需要机械快门和闪光灯。隔列转移型 CCD 传感器的最大缺点是由于其传输寄存器需要占用空间,因此其填充因子可能低至 20%,图像失真会严重。为了增大填充因子,通常在传感器上加上微镜头来使光聚焦至光敏二极管,如图 4-7 所示。但即使这样,也不可能使其填充因子达到 100%。

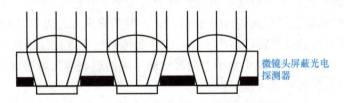

图 4-7 增加微镜头增大填充因子

CCD 传感器的一个问题是其高光溢出效应。也就是当积累的电荷超过光电探测器的容量时,电荷将会溢出到相邻的光电探测器中,因此图像中亮的区域就会显著放大。为了解决这个问题,可在传感器上增加溢流沟道。加在沟道上的电势差使得光电探测器中多余的电荷通过沟道流向衬底。溢流沟道可位于传感器平面中每个像素的侧边(侧溢流沟道),也可埋于设备的底部(垂直溢流沟道)。侧溢流沟道通常位于垂直转移寄存器的相反一侧。图 4-6

中是垂直溢流沟道，该沟道一定在垂直转移寄存器下面。

在传感器上增加的溢流沟道可以用作摄像机的电子快门。将沟道的电位置为0，光电探测器不再充电，然后将沟道的电位在曝光时间内置为高，即可以积累电荷直至读出。溢流沟道还可使传感器在接收到外触发信号后立刻开始采集图像，也就是接收到外触发信号后整个传感器可以立刻复位，图像开始曝光然后正常读出。这种操作模式称为异步复位。

2. CMOS 传感器

如图 4-8 所示，CMOS 传感器通常采用光敏二极管作为光电探测器。与 CCD 传感器不同，光敏二极管中的电荷不是顺序地转移到读出寄存器，CMOS 传感器的每一行都可以通过行和列选择电路直接选择并读出。这方面，CMOS 传感器可以当作随机存取存储器。CMOS 传感器的每个像素都有一个自己的独立放大器。这种类型的传感器也称为主动像素传感器（APS）。CMOS 传感器常用数字视频做输出。因此，图像每行中的像素通过模/数转换器阵列并行地转化为数字信号。

因为放大器及行列选择电路常会用到每个像素的大部分面积，因此与隔列转移型 CCD 传感器一样，CMOS 传感器的填充因子很低。所以通常使用微镜头来增加填充因子和减少图像失真，如图 4-8 所示。

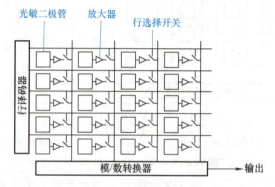

图 4-8　CMOS 传感器

CMOS 传感器的随机读取特性使其很容易实现图像的矩形感兴趣区域（AOI）读出方式。与 CCD 传感器相比，对于有些应用这点有很大优势，在较小的 AOI 下可以得到更高的帧率。尽管 CCD 传感器也可以实现 AOI 读出方式，但其读出方式决定了 CCD 传感器必须将 AOI 上方和下方所有行的数据转移出再丢掉。由于丢掉行的速度比读出要快，因此这种方法也可以提高帧率。然而，通过减小水平方向尺寸而生成的感兴趣区域通常不能提高帧率，因为电荷必须通过电荷转换单元才能转移。

CMOS 传感器的另一个优点是可以在传感器上实现并行模/数转换，因此即使不使用 AOI 读出方式，也能具有较高的帧率。而且还可以在每个像素上集成模/数转换电路以进一步提高读出速度。这种传感器又称为数字像素传感器（DPS）。

由于 CMOS 传感器每一行都可以独立读出，因此得到一幅图像的最简单方式就是一行一行曝光并读出。对于连续的行，曝光时间和读出时间可以重叠，这称为行曝光。显然，这种读出方式使图像的第一行和最后一行有很大的采集时差，如图 4-9a 所示，采集运动物体图像时将产生明显的变形。对于运动的被测物，必须使用全局曝光的传感器。全局曝光传感器对应每个像素都需要一个存储区,从而降低了填充因子。图 4-9b 所示为对运动物体使用全局曝光得到的正确图像。

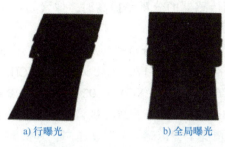

a) 行曝光　　　　　　　　b) 全局曝光

图 4-9　对运动物体使用行曝光和全局曝光采集图像的比较

CMOS 传感器的结构使其很容易支持异步复位外触发采集。与 CCD 传感器一样,这里讨论的 CMOS 传感器是线性响应,线性响应是精确边缘探测所必需的。然而,对于在线焊接检测这类应用,被测物亮度有 6 个数量级或更高的变化。为使这种巨大的亮度差能够共存于一幅灰度图像中,必须使用非线性灰度响应。为此,开发了对数响应 CMOS 传感器和线性—对数混合响应 CMOS 传感器。大多数情况下是将光电传感器产生的光电流反馈到具有对数电流—电压特性的电阻上,这种传感器一定是行曝光的。

三、掌握工业相机的基本参数

1. 传感器的尺寸

CCD 和 CMOS 有多种生产尺寸,最常见的是传感器的长度、宽度及对角线长度,多以英寸(in)为单位。在 CCD 出现之前,摄像机是利用一种称为"光导摄像管"的成像器件感光成像的,这是一种特殊设计的电子管,其直径的大小决定了成像面积的大小。因此,人们就用光导摄像管的直径尺寸来表示具有不同感光面积的产品型号。CCD 出现之后,最早被大量应用在摄像机上,也就自然而然地沿用了光导摄像管的尺寸表示方法,进而扩展到所有类型的图像传感器的尺寸表示方法上。例如,型号为"1/1.8"的 CCD 或 CMOS,就表示其成像面积与一根直径为 1.8in 的光导摄像管的成像靶面面积近似。光导摄像管的直径与 CCD、CMOS 成像靶面面积之间没有固定的换算公式,从实际情况来说,CCD、CMOS 成像靶面的对角线长度大约相当于光导摄像管直径的 2/3。因此,表 4-1 中传感器对角线长度大约是传感器标称尺寸的 2/3。有个简单的方法可以记住这些数据,就是传感器的宽度大约是传感器标称尺寸的一半。

表 4-1　典型传感器尺寸及分辨率为 640×480 时对应的像素间距

尺寸/in	宽度/mm	高度/mm	对角线长度/mm	像素间距/μm
1	12.8	9.6	16	20
2/3	8.8	6.6	11	13.8
1/2	6.4	4.8	8	10
1/3	4.8	3.6	6	7.5
1/4	3.2	2.4	4	5

为传感器选择镜头时，必须使镜头尺寸大于或等于传感器实际大小。否则，传感器外将没有光线到达，例如，1/2in 镜头不可以用于 2/3in 的传感器。表 4-1 中还列出了分辨率为 640×480 时的像素间距。当传感器的分辨率提高时，像素间距将相应减小。例如，当分辨率为 1280×960 时，像素间距减小一半。

CCD 和 CMOS 传感器可产生不同的分辨率，从 640×480 至 4008×2672 甚至更高。分辨率通常符合模拟视频信号标准，如 RS—170（640×480）、CCIR（768×576）；或者符合计算机显卡分辨率，如 VGA（640×480）、XGA（1024×768）、SXGA（1280×1024）、UXGA（1600×1200）、QXGA（2048×1536）等。线阵摄像机的分辨率从 512 像素到 12888 像素，将来还有可能更高。在一般情况下，传感器分辨率越高，则帧率就会越低。

2. 帧速

帧速是指视频画面每秒钟传播的帧数，用于衡量视频信号的传输速度，单位为帧/s。动态画面实际上是由一帧帧静止画面连续播放而成的，机器视觉系统必须快速采集这些画面并将其显示在屏幕上才能获得连续运动的效果。采集处理时间越长，帧速就越低，如果帧速过低，画面就会产生停顿、跳跃的现象。一般对于机器视觉系统来说，30 帧/s 是最低限值，60 帧/s 则较为理想。但也不能一概而论，不同类型的应用所需的帧速各不相同，帧速的选择需要和实际的应用目标相匹配。

3. 分辨率

分辨率可以从显示分辨率与图像分辨率两个方向来分类。显示分辨率（屏幕分辨率）是屏幕图像的精密度，是指显示器所能显示的像素有多少。由于屏幕上的点、线和面都是由像素组成的，显示器可显示的像素越多，画面就越精细，同样的屏幕区域内能显示的信息也越多。可以把整个图像想象成一个大型的棋盘，而分辨率的表示方式就是所有经线和纬线交叉点的数目。显示分辨率一定的情况下，显示屏越小，图像越清晰；当显示屏大小固定时，显示分辨率越高，则图像越清晰。图像分辨率是指每英寸中所包含的像素点数，其定义更趋近于分辨率本身的定义。

相机分辨率是指每次采集图像的像素点数。对于工业数字相机，相机分辨率一般是直接对应于光电传感器的像元数；对于工业数字模拟相机，则取决于视频制式，PAL 制为 768×576，NTSC 制为 640×480。

4. 像素深度

像素深度是指存储每个像素所用的位数，它也可用来度量图像的分辨率。像素深度决定了彩色图像中每个像素可能有的颜色数，或者灰度图像中每个像素可能有的灰度级数。例如，一幅彩色图像的每个像素用 R、G、B 三个分量表示，若每个分量用 8 位表示，那么一个像素共用 24 位表示，即像素深度为 24，每个像素可以是 16777216（2^{24}）种颜色中的一种。在这个意义上，往往把像素深度说成是图像深度。表示一个像素的位数越多，它能表达的颜色数目就越多，而它的深度就越深。一般情况下常用的像素深度是 8bit，工业数字相机一般还会用 10bit、12bit 等。

5. 曝光方式和快门速度

工业线阵相机都采用逐行曝光的方式，可以选择固定行频和外触发同步的采集方式，曝光时间可以与行周期一致，也可以设定一个固定的时间；面阵相机有帧曝光、场曝光和滚动行曝光等方式，工业数字相机一般都提供外触发采图的功能。快门速度一般可达到 10μm，高速相机还可以更快。

6. 光谱响应特性

光谱响应特性是指像元传感器对不同光波的敏感性，一般响应范围是 350~1000nm。一些相机在靶面前加一个滤镜，用来滤除红外线，当系统需要对红外线感光时可去掉该滤镜。

任务 2　手机电池尺寸测量中相机的选择

【知识要点】

下面介绍像素精度（分辨率）的计算方法。如图 4-10 所示，产品尺寸为 50mm × 30mm，取相视野（FOV）为 64mm × 48mm，CCD 传感器分辨率为 1600 × 1200。

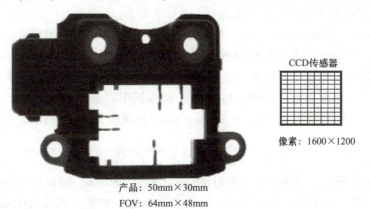

产品：50mm×30mm
FOV：64mm×48mm

图 4-10　像素精度计算

视野水平方向尺寸为 64mm，相机水平方向分辨率为 1600pixel，则

$$水平方向像素分辨率 = 视野水平方向尺寸 / 相机水平方向分辨率$$
$$= 64mm / 1600pixel = 0.04mm/pixel$$

水平方向上每像素对应的实际尺寸为 0.04mm，即最大像素精度为 0.04mm。同理，可以计算垂直方向的像素分辨率，当水平方向和垂直方向的像素分辨率不同时，镜头可能会存在较大畸变，此时需要进行校正。

【任务要求】

测量图 3-9 所示手机电池的尺寸，要求测量精度为 0.1mm，检测速度为 10 件/s。选择合理的工业相机，并采集一张图像。

【任务实施】

1）用直尺测量手机电池的实际尺寸，约为 50mm×60mm，所以估算视野为 80mm×60mm。

2）根据精度要求 0.1mm，假设采集图像为理想状态，边缘过渡像素为 2 个，则相机的水平分辨率为 80/0.1×2＝1600，竖直分辨率为 60/0.1×2＝1200。

注意：通常情况下，图像采集很难达到理想状态，所以过渡像素往往大于2，通常取 3~5，有时为了提高精度，保证稳定性，甚至取为 10 进行估算。

3）根据检测速度要求 10 件/s，选择相机帧率大于 10 帧即可。

4）打开图像采集系统，拍摄一张照片。

习 题

1. CCD 即感光元器件，它由一组矩阵式元素组成，其功能是将光信号转化为_____。

2. 光在感光元件上进行感光的过程称为_____。

3. 感光芯片上有光照射的地方对应图像较_____的地方，没有光照射的地方对应图像较_____的地方。

4. 每个像素所代表的实际尺寸称为_____。

5. 简述 CCD 传感器的成像过程，并比较 CCD 与 CMOS 传感器的优劣。

6. 质量监控中的不良检测是机器视觉的主要应用之一，因为对质量监控有较高的期望，所以了解机器视觉检测系统的性能至关重要。而视觉检测系统可检测的最小瑕疵的大小是视觉检测系统的一个重要参数。如图 4-11 所示，请根据下列条件选择该系统可检测的最小瑕疵大小（　　）：检测范围为 50mm×50mm；CCD 分辨率为 1000×1000；CCD 可检测最小分辨率为 2。

A. 0.01mm　　　　B. 0.1mm　　　　C. 1mm　　　　D. 10mm

7. 如图 4-12 所示，圆形轴承高度为 50mm，外径为 80mm，测量其内径尺寸，精度要求达到 0.02mm，机械手上料，相机架设空间大于 500mm，打光方式没有限制。请给出相机、镜头、光源的选型方案。

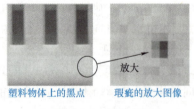

图 4-11　习题 6 图

图 4-12　习题 7 图

项目 5　学习数字图像处理基础知识

任务 1　数字图像的认知

一、数字图像的定义

图像是指能在人的视觉系统中产生视觉印象的客观对象，包括自然景物、拍摄到的图片、用数学方法描述的图形等。图像的要素有几何要素（刻画对象的轮廓、形状等）和非几何要素（刻画对象的颜色、材质等）。

这里主要介绍数字图像的实质和数字图像处理的一般步骤，以及后文中将经常使用的基本概念。

简单地说，数字图像就是能够在计算机上显示和处理的图像，可根据其特性分为两大类——位图和矢量图。位图通常使用数字阵列表示，常见格式有 BMP、JPG、GIF 等；矢量图由矢量数据库表示，接触最多的就是 PNG 图形。本项目只涉及数字图像中位图的处理与识别，如无特别说明，后文提到的"图像"和"数字图像"都仅仅是指位图图像。一般而言，使用数字摄像机或数字照相机得到的图像都是位图图像。

可以将一幅图像视为一个二维函数 $f(x,y)$，其中 x 和 y 是空间坐标，而在 $x-y$ 平面中的任意一对空间坐标 (x,y) 上的幅值 f 称为该点图像的灰度、亮度或强度。此时，如果 f、x、y 均为非负有限离散，则称该图像为数字图像（位图）。

一个大小为 $M \times N$ 的数字图像是由 M 行、N 列的有限元素组成的，每个元素都有特定的位置和幅值，代表了其所在行列位置上的图像物理信息，如灰度和色彩等。这些元素称为图像元素或像素。

二、数字图像的显示

不论是 CRT 显示器还是 LCD 显示器，都是由许多点构成的，显示图像时，这些点对应着图像的像素，称显示器为位映像设备。所谓位映像，就是一个二维的像素矩阵，而位图也就是采用位映像方法显示和存储的图像。当一幅数字图像被放大后，就可以明显地看出图像是由很多方格形状的像素构成的，如图 5-1 所示。

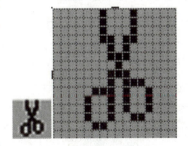

图 5-1　位图图像示例

三、数字图像的分类

根据每个像素所代表信息的不同，可将图像分为二值图像、灰度图像、RGB 图像和索引图像等。

1. 二值图像

每个像素只有黑、白两种颜色的图像称为二值图像。在二值图像中，像素只有 0 和 1 两种取值，一般用 0 表示黑色，用 1 表示白色。

2. 灰度图像

在二值图像中进一步加入许多介于黑色与白色之间的颜色深度，就构成了灰度图像。这类图像通常显示为从最暗黑色到最亮白色的灰度，每种灰度（颜色深度）称为一个灰度级，通常用 L 表示。在灰度图像中，像素可以取 $0 \sim L-1$ 之间的整数值，根据保存灰度数值所使用的数据类型不同，可能有 256 种取值或者 $2k$ 种取值，当 $k=1$ 时即退化为二值图像。

3. RGB 图像

众所周知，自然界中几乎所有颜色都可以由红（Red，R）、绿（Green，G）、蓝（Blue，B）三种颜色组合而成，通常称它们为 RGB 三原色。计算机显示彩色图像时采用最多的就是 RGB 模型，对于每个像素，通过控制 R、G、B 的合成比例来决定该像素的最终显示颜色。

对于 RGB 三原色中的每一种颜色，可以像灰度图那样使用 L 个等级来表示含有这种颜色成分的多少。例如，对于含有 256 个等级的红色，0 表示不含红色成分，255 表示含有 100% 的红色成分。同样，绿色和蓝色也可以划分为 256 个等级。这样，每种原色可以用 8 位二进制数表示，于是三原色总共需要 24 位二进制数，这样能够表示出的颜色种类数目为 $256 \times 256 \times 256 = 2^{24}$，大约有 1600 万种，已经远远超过普通人所能分辨出的颜色数目。

RGB 颜色代码可以使用十六进制数减少书写长度，按照两位一组的方式依次书写 R、G、B 三种颜色的级别。例如，0xFF0000 代表纯红色，0x00FF00 代表纯绿色，而 0x00FFFF 代表青色（绿色和蓝色的加和）。当 R、G、B 的浓度一致时，所表示的颜色就退化为灰度，如 0x808080 为 50% 的灰色，0x000000 为黑色，而 0xFFFFFF 为白色。常见颜色的 RGB 组合值见表 5-1。

表 5-1 常见颜色的 RGB 组合值

颜色	R	G	B
红（0xFF0000）	255	0	0
绿（0x00FF00）	0	255	0
蓝（0x0000FF）	0	0	255
黄（0xFFFF00）	255	255	0
紫（0xFF00FF）	255	0	255
青（0x00FFFF）	0	255	255
白（0xFFFFFF）	255	255	255
黑（0x000000）	0	0	0
灰（0x808080）	128	128	128

未经压缩的原始 BMP 文件就是使用 RGB 标准给出的 3 个数值来存储图像数据的,称为 RGB 图像。在 RGB 图像中,每个像素都是用 24 位二进制数表示,故也称为 24 位真彩色图像。

4. 索引图像

如果对每个像素都直接使用 24 位二进制数表示,图像文件的体积将变得十分庞大。例如,对一个长、宽各为 200 像素,颜色数为 16 的彩色图像,每个像素都用 R、G、B 3 个分量表示。这样,每个像素由 3 个字节(3B)表示,整个图像就是 200×200×3B=120000B。这种完全未经压缩的表示方式,浪费了大量的存储空间。下面简单介绍一种更节省空间的存储方式:索引图像。

同样还是 200×200 像素的 16 色图像,由于这张图片中最多只有 16 种颜色,那么可以用一张颜色表(16×3 的二维数组)保存这 16 种颜色对应的 RGB 值,在表示图像的矩阵中使用这 16 种颜色在颜色表中的索引(偏移量)作为数据写入相应的行、列位置。例如,颜色表中第 3 个元素为 0xAA1111,那么在图像中,所有颜色为 0xAA1111 的像素均可以由 3-1=2 表示(颜色表索引下标从 0 开始)。这样,每个像素所需使用的二进制数就仅仅为 4 位(0.5B),从而整个图像只需要 200×200×0.5B=20000B 就可以存储,而且不会影响显示质量。

上文中的颜色表就是常说的调色板(Palette),也称颜色查找表(Look up Table,LUT)。Windows 位图中应用到了调色板技术。其实不仅是 Windows 位图,许多其他的图像文件格式,如 PCX、TIF、GIF 都应用了这种技术。

在实际应用中,调色板中通常只有少于 256 种的颜色。在使用许多图像编辑工具生成或编辑 GIF 文件时,常常会提示用户选择文件包含的颜色数目。当选择较少的颜色数目时,将会有效地减小图像文件的体积,但这也在一定程度上降低了图像的质量。

使用调色板技术可以减小图像文件体积的条件是图像的像素数目相对较多,而颜色种类相对较少。如果一个图像中用到了全部的 24 位真彩色,对其使用颜色查找表技术是完全没有意义的,单纯从颜色角度对其进行压缩是不可能实现的。

四、数字图像的实质与显示

实际上,上文中对数字图像 $f(x,y)$ 的定义仅适用于最为一般的情况,即静态的灰度图像。更严格地说,数字图像可以是 2 个变量(对于静止图像,Static Image)或 3 个变量(对于动态画面,Video Sequence)的离散函数。在静态图像的情况下是 $f(x,y)$;如果是动态画面,则还需要时间参数 t,即 $f(x,y,t)$。函数值可能是一个数值(对于灰度图像),也可能是一个向量(对于彩色图像)。

图像处理是一个涉及诸多研究领域的交叉学科,下面就从不同的角度来审视数字图像:

1) 从线性代数和矩阵论的角度,数字图像就是一个由图像信息组成的二维矩阵,矩阵的每个元素代表对应位置上的图像亮度和/或色彩信息。当然,这个二维矩阵在数据表示和存储上可能不是二维的,这是因为每个单位位置的图像信息可能需要不止一个数值来表示,这样可能需要一个三维矩阵对其进行表示。

2) 由于随机变化和噪声的原因,图像在本质上是统计性的。因而有时将图像函数作为随机过程的实现来观察存在其优越性。这时,有关图像信息量和冗余的问题可以用概率分布和相关函数来描述和考虑。例如,如果知道概率分布,可以用熵 H 来度量图像的信息量,这是信息论中一个重要的思想。

3) 从线性系统的角度考虑,图像及其处理也可以表示为用狄拉克冲激公式表达的点展开函数的叠加。在使用这种方式对图像进行表示时,可以采用成熟的线性系统理论研究。在大多数情况下,应优先使用与线性系统近似的方式对图像进行近似处理以简化算法。虽然实际的图像并不是线性的,但图像坐标和图像函数的取值都是有限的和非连续的。

为了表述像素之间的相对和绝对位置,通常还需要对像素的位置进行坐标约定,所使用的坐标如图 5-2 所示。

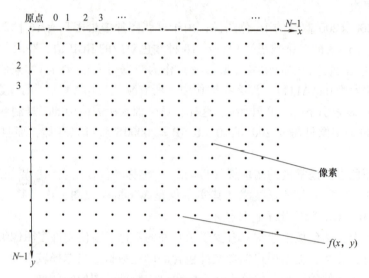

图 5-2 数字图像的坐标约定

在这之后,一幅物理图像就被转化成了数字矩阵,从而成为计算机能够处理的对象。数字图像 f 的矩阵表示如下:

$$f(y,x) = \begin{bmatrix} f(0,0) & \cdots & f(0,N-1) \\ \vdots & \ddots & \vdots \\ f(M-1,0) & \cdots & f(M-1,N-1) \end{bmatrix} \quad (5-1)$$

有时也可以使用传统矩阵表示法来表示数字图像和像素:

$$A = \begin{bmatrix} \alpha_{0,0} & \cdots & \alpha_{0,N-1} \\ \vdots & \ddots & \vdots \\ \alpha_{M-1,0} & \cdots & \alpha_{M-1,N-1} \end{bmatrix} \quad (5-2)$$

其中行、列(M 行、N 列)数必须为正整数,而离散灰度级数目 L 一般为 2 的 k 次幂,k 为整数(因为使用二进制整数值表示灰度值),图像的动态范围为 $[0, L-1]$,那么图像存储所需的比特数为 $B = MNk$。在矩阵 $f(y,x)$ 中,一般习惯于先行下标、后列下标的表示方法,因此这里先是纵坐标 y(对应行),然后才是横坐标 x(对应列)。

而有些图像矩阵中,很多像素的值都是相同的。例如,一个纯黑背景上使用不同灰度勾勒的图像,大多数像素的值都是 0。这种矩阵称为稀疏矩阵(Sparse Matrix),可以通过简单描述非零元素的值和位置来代替大量地写入 0 元素，这时存储图像需要的比特数可能会大大减少。

五、图像的空间和灰度级分辨率

1. 图像的空间分辨率

图像的空间分辨率（Spatial Resolution）是指图像中单位长度所包含的像素或点的数目，常以像素/in（ppi）为单位，如 72ppi 表示图像中每英寸包含 72 个像素或点。分辨率越高，图像将越清晰，图像文件所需的磁盘空间也越大，编辑和处理所需的时间就越长。

像素越小，单位长度所包含的像素数据就越多，分辨率也就越高，但同样物理大小范围内所对应图像的尺寸也会越大，存储图像所需要的字节数也越多。因而，在图像的放大缩小算法中，放大就是对图像的过采样，缩小则是对图像的欠采样。

一般在没有必要对涉及像素的物理分辨率进行实际度量时，通常会称一幅大小为 $M \times N$ 的数字图像的空间分辨率为 $M \times N$ 像素。

图 5-3 所示为同一幅图像在不同的空间分辨率下呈现出的不同效果。当高分辨率下的图像以低分辨率表示时，在同等的显示或者打印输出条件下，图像的尺寸变小，细节变得不明显；而当将低分辨率下的图像放大时，则会导致图像的细节仍然模糊，只是尺寸变大。这是因为缩小的图像已经丢失了大量的信息，在放大图像时只能通过复制行列的插值方法来确定新增像素的取值。

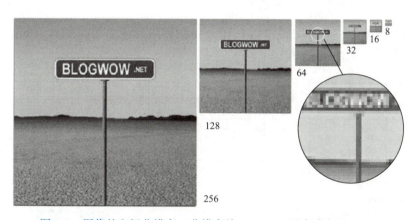

图 5-3　图像的空间分辨率（分辨率从 256×256 逐次减少至 8×8）

2. 图像的灰度级/辐射计量分辨率

在数字图像处理中，灰度级分辨率又叫色阶，是指图像中可分辨的灰度级数目，即前文提到的灰度级数目 L，它与存储灰度级别所使用的数据类型有关。由于灰度级度量的是投射到传感器上光辐射值的强度，因此灰度级分辨率也叫辐射计量分辨率（Radiometric Resolution）。

随着图像的灰度级分辨率逐渐降低，图像中包含的颜色数目变少，从而会在颜色的角度造成图像信息受损，同样也使图像细节表达受到了一定影响，如图 5-4 所示。

图 5-4 灰度级分辨率分别为 256、32、16、8、4 和 2 的图像

任务 2　学习数字图像处理的预备知识

数字图像是由一组具有一定空间位置关系的像素组成的，因而具有一些度量和拓扑性质。理解像素间的关系是学习图像处理的必要准备，这主要包括相邻像素、邻接性、连通性、区域、边界的概念，以及今后要用到的一些常见距离度量方法。

一、邻接性、连通性、区域和边界

为了理解这些概念，首先需要了解相邻像素的概念。依据不同标准，可以关注像素 P 的 4 邻域和 8 邻域，如图 5-5 所示。

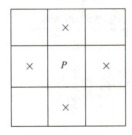 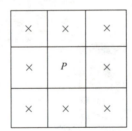 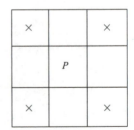

a) P 的 4 邻域 $N_4(P)$　　　b) P 的 8 邻域 $N_8(P)$　　　c) P 的对角邻域 $N_D(P)$

图 5-5　P 的各种邻域

1. 邻接性（Adjacency）

定义 V 为决定邻接性的灰度值集合，它是一种相似性的度量，用于确定所需判断邻接性的像素之间的相似程度。例如，在二值图像中，如果认为只有灰度值为 1 的像素是相似的，则 $V=\{1\}$。由于相似性的规定具有主观性，因此也可以认为 $V=\{0,1\}$，此时邻接性完全由位置决定；而对于灰度图像，这个集合中则很可能包含更多的元素。

1) **4 邻接（4-Neighbor）**：如果 $Q \in N_4(P)$，则称具有 V 中数值的两个像素 P 和 Q 为 4 邻接的。

2）8 邻接（8-Neighbor）：如果 $Q \in N_8(P)$，则称具有 V 中数值的两个像素 P 和 Q 是 8 邻接的。

3）对角邻域 $N_D(P)$：8 邻域中不属于 4 邻域的部分。

例如，图 5-6a、b 分别为像素与 Q、Q_1、Q_2 的 4 邻接和 8 邻接示意图。而对于两个图像子集 S_1 和 S_2，如果 S_1 中的某些像素和 S_2 中的某些像素相邻，则称这两个子集是邻接的。

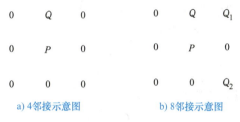

a）4 邻接示意图　　　　　　b）8 邻接示意图

图 5-6　4 邻接和 8 邻接示意图

2. 连通性（Contiguous）

为了定义像素的连通性，首先需要定义像素 P 到像素 Q 的通路（Path），这也是建立在邻接性的基础上的。

像素 P 到像素 Q 的通路指的是一个特定的像素序列 (x_0,y_0)，(x_1,y_1)，…，(x_n,y_n)，其中 $(x_0,y_0)=(x_p,y_p)$，$(x_n,y_n)=(x_q,y_q)$，并且像素 (x_i,y_i) 和 (x_{i-1},y_{i-1}) 在满足 $1 \le i \le n$ 时是邻接的。在上面的定义中，n 是通路的长度，若 $(x_0,y_0)=(x_n,y_n)$，则这条通路是闭合通路。对应于邻接的概念，有 4 通路和 8 通路之分。这个定义和图论中的通路定义是基本相同的，只是由于邻接概念的加入而变得更加复杂。

像素的连通性：令 S 代表一幅图像中的像素子集，如果在 S 中全部像素之间存在一个通路，则可以称 2 个像素 P 和 Q 在 S 中是连通的。此外，对于 S 中的任何像素 P，S 中连通到该像素的像素集称为 S 的连通分量。如果 S 中仅有一个连通分量，则集合 S 称为连通集。

3. 区域和边界

区域的定义建立在连通集的基础上。令 R 是图像中的一个像素子集，如果 R 同时是连通集，则称 R 为一个区域（Region）。

边界（Boundary）的概念是相对于区域而言的。一个区域的边界（或边缘、轮廓）是该区域中所有由一个或多个不在区域 R 中的邻接像素的像素所组成的集合。显然，如果区域 R 是整幅图像，那么边界就由图像的首行、首列、末行和末列定义。因而，通常情况下，区域是指一幅图像的子集，并包括区域的边缘。而区域的边缘（Edge）由具有某些导数值的像素组成，是一个像素及其直接邻域的局部性质，是一个有大小和方向属性的矢量。

边界和边缘是不同的。边界是和区域有关的全局概念，而边缘表示图像函数的局部性质。

二、距离度量的几种方法

基于上面提到的相关知识，下面来学习距离度量的概念。假设对于像素 $P(x_p,y_p)$、$Q(x_q,y_q)$、$R(x_r,y_r)$ 而言，有函数 D 满足如下三个条件，则函数 D 称为距离函数或度量：

1) $D(P, Q) \geq 0$,当且仅当 $P = Q$ 时有 $D(P,Q) = 0$。
2) $D(P,Q) = D(Q,P)$。
3) $D(P, Q) \leq D(P, R) + D(R, Q)$。

常见的几种距离函数有：

(1) 欧氏距离

$$D_e(P,Q) = \sqrt{(x_p - x_q)^2 + (y_p - y_q)^2} \tag{5-3}$$

即距离等于 r 的像素形成以 P 为圆心的圆。

(2) D_4 距离（街区距离）

$$D_4(P,Q) = |x_p - x_q| + |y_p - y_q| \tag{5-4}$$

即距离等于 r 的像素形成以 P 为中心的菱形。

(3) D_8 距离（棋盘距离）

$$D_8(P,Q) = \max(|x_p - x_q|, |y_p - y_q|) \tag{5-5}$$

即距离等于 r 的像素形成以 P 为中心的正方形。

距离度量参数可以用于对图像特征进行比较和分类或者进行某些像素级操作。最常用的距离度量是欧氏距离，然而在形态学中，也可能使用街区距离和棋盘距离。

任务3　数字图像处理与识别

一、从图像处理到图像识别

图像处理、图像分析和图像识别是认知科学与计算机科学中的一个活跃分支。从20世纪70年代这一领域经历了人们对其兴趣的爆炸性增长以来，到20世纪末逐渐步入成熟。其中遥感、技术诊断、智能车自主导航、医学平面和立体成像以及自动监视领域是发展最快的一些方向。事实上，从数字图像处理到数字图像分析，再发展到最前沿的图像识别技术，其核心都是对数字图像中所含有的信息的提取及与其相关的各种辅助过程。

1. 数字图像处理

数字图像处理（Digital Image Processing）是指使用电子计算机对量化的数字图像进行处理，具体地说，就是通过对图像进行各种加工来改善图像的外观，是对图像的修改和增强。图像处理的输入是从传感器或其他来源获取的原始数字图像，输出是经过处理后的输出图像。处理的目的可能是使输出图像具有更好的效果，以便于人的观察；也可能是为图像分析和识别做准备，此时的图像处理是作为一种预处理步骤，输出图像将进一步供其他图像分析、识别算法使用。

2. 数字图像分析

数字图像分析（Digital Image Analyzing）是指对图像中感兴趣的目标进行检测和测量，以获得客观的信息。数字图像分析通常是指将一幅图像转化为另一种非图像的抽象形式，如图像中某物体与测量者的距离、目标对象的计数或其尺寸等。这一概念的外延包括边缘检测和图像分割、特征提取以及几何测量与计数等。

图像分析的输入是经过处理的数字图像，其输出通常不再是数字图像，而是一系列与目标相关的图像特征（目标的描述），如目标的长度、颜色、曲率和个数等。

3. 数字图像识别

数字图像识别（Digital Image Recognition）主要是研究图像中各目标的性质和相互关系，识别出目标对象的类别，从而理解图像的含义。这往往囊括了使用数字图像处理技术的很多应用项目，如光学字符识别（OCR）、产品质量检验、人脸识别、自动驾驶、医学图像和地貌图像的自动判读理解等。

图像识别是图像分析的延伸，它根据从图像分析中得到的相关描述（特征）对目标进行归类，输出人们感兴趣的目标类别标号信息（符号）。

总而言之，从图像处理到图像分析再到图像识别这个过程，是一个将所含信息抽象化，尝试降低信息熵，提炼有效数据的过程，如图5-7所示。

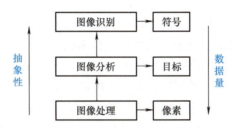

图 5-7　数字图像处理、分析和识别的关系

从信息论的角度来说，图像应当是物体所含信息的一个概括，而数字图像处理侧重于将这些概括的信息进行变换，如升高或降低熵值；数字图像分析则是将这些信息抽取出来以供其他过程调用。当然，在不太严格时，数字图像处理也可以兼指数字图像处理和分析。

二、数字图像处理与识别应用实例

如今，数字图像处理与机器视觉的应用越来越广泛，已经渗透到国家安全、航空航天、工业控制、医疗保健等各个领域乃至人们的日常生活和娱乐当中，在国民经济中发挥着举足轻重的作用，一些典型的应用见表5-2。

表 5-2　数字图像处理与识别的典型应用

相关领域	典型应用
安全监控	指纹验证、基于人脸识别的门禁系统
工业控制	产品无损检测、商品自动分类
医疗保健	X 光照片增强、CT、核磁共振、病灶自动检测
生活娱乐	基于表情识别的笑脸自动检测、汽车自动驾驶、手写字符识别

下面结合两个典型的应用来说明。

1. 图像处理的典型应用——X 光照片增强

图5-8a是一幅直接拍摄未经处理的 X 光照片，其对比度较低，图像细节难以辨识；图

5-8b 所示为图 5-8a 经过简单的增强处理后的效果，图像较为清晰，可以有效地指导诊断和治疗。从图中即可看出图像处理技术在辅助医学成像上的重要作用。

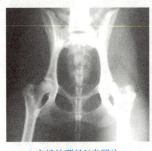
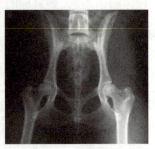

a) 未经处理的X光照片　　　　　b) 经过图像增强的X光照片

图 5-8　图像处理前后的效果对比

2. 图像识别的典型应用——人脸识别

人脸识别技术就是以计算机为辅助手段，从静态图像或动态图像中识别人脸。问题一般可以描述为：给定一个场景的静态或视频图像，利用已经存储的人脸数据库确认场景中的一个或多个人。一般来说，人脸识别研究一般分为三个部分：从具有复杂背景的场景中检测并分离出人脸所在的区域；抽取人脸识别特征；匹配和识别。

虽然人类从复杂背景中识别出人脸及表情相当容易，但人脸的自动机器识别却是一个极具挑战性的课题。它跨越了模式识别、图像处理、计算机视觉以及神经生理学、心理学等诸多研究领域。

如同人的指纹一样，人脸也具有唯一性，可用来鉴别一个人的身份，人脸识别技术在商业、法律和其他领域有着广泛的应用。目前，人脸识别技术已成为法律部门打击犯罪的有力工具，在毒品跟踪、反恐怖活动等监控中有着很大的应用价值；此外，人脸识别技术的商业应用价值也正在日益增长，主要用于信用卡或者自动取款机的个人身份核对。与利用指纹、手掌、视网膜、虹膜等其他人体生物特征进行个人身份鉴别的方法相比，人脸识别具有直接、友好、方便的特点，特别是对于个人来说没有任何心理障碍。

图 5-9 所示为一个基于主成分分析（Principal Component Analysis，PCA）和支持向量机（Support Vector Machine，SVM）的人脸识别系统的简单界面。

三、数字图像处理与识别的基本内容

总体来说，数字图像处理与识别包括以下几项内容：

（1）图像的点运算　　通过灰度变换可以有效改善图像的外观，并在一定程度上实现图像的灰度归一化。基于图像点运算的处理方法有图像拉伸、对比度增强、直方图均衡、直方图匹配等。

（2）图像的几何变换　　主要应用在图像的几何归一化和图像校准中，大多作为图像前期预处理工作的必要组成一部分，是图像处理中相对固定和程式化的内容。

（3）图像增强　　作为数字图像处理中相对简单却最具艺术性的领域之一，可理解为根据特定的需要突出一幅图像中的某些信息，同时，削弱或去除某些不需要的信息的处理方

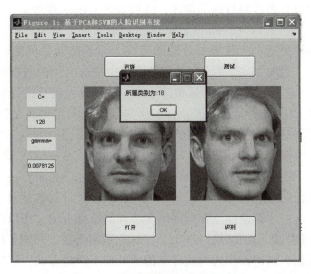

图 5-9 人脸识别系统的简单界面

法。其主要目的是使处理后的图像对某种特定的应用来说，比原始图像更适用。作为图像处理中一个相当主观的领域（增强的目的是让人更好地观察和认知图像），图像增强是以下多种图像处理方法的前提与基础，也是图像获取后的先期步骤。

（4）小波变换　伴随着人们对图像压缩、边缘和特征检测以及纹理分析需求的提高，小波变换功能应运而生。傅里叶变换一直是频率域图像处理的基石，它能用正弦函数之和表示任何分析函数，而小波变换则是基于一些有限宽度的基小波，这些小波不仅在频率上是变化的，而且具有有限的持续时间。例如对于一张乐谱，小波变换不仅能提供要演奏的音符，而且说明了何时演奏等细节信息，但是傅里叶变换只提供了音符，局部信息在变换中丢失。

（5）图像复原　与图像增强相似，图像复原的目的也是改善图像质量。但是，图像复原是试图利用退化过程的先验知识使已被退化的图像恢复本来面目，而图像增强是用某种试探的方式改善图像质量，以适应人眼的视觉与心理。引起图像退化的因素包括由光学系统、运动等造成的图像模糊，以及源自电路和光学因素的噪声等。图像复原是基于图像退化的数学模型，复原的方法也建立在比较严格的数学推导上。

（6）彩色图像处理　实际上是从图像的类型分类，主要包括对全彩图像的处理，也包括灰度图像的伪彩色化。彩色图像处理相对二值图像和灰度图像更为复杂。

（7）形态学图像处理　这是一种将数学形态学推广应用于图像处理领域的新方法，是一种基于物体自然形态的图像处理分析方法。而形态学的概念最早来源于生物学，是生物学中研究动物和植物结构的一门分支科学。数学形态学（也称图像代数）则是一种以形态为基础对图像进行分析的数学工具，其基本思想是用具有一定形态的结构元素去度量和提取图像中的对应形状，以达到对图像进行分析和识别的目的。图像形态学往往用于边界提取、区域填充、连通分量提取、凸壳、细化、像素化等图像操作。

（8）图像分割　图像分割（Image Division）是指将一幅图像分解为若干互不交叠区域的过程，分割出的区域需要同时满足均匀性和连通性的条件。目标的表示与描述是指用组成目标区域的像素或区域边界的像素标出这一目标，并且对目标进行抽象描述，使计算机能充分利用所获得的处理分割结果。实际上，表达和描述的联系是十分紧密的，表达的方法限制了描述的精确性，而只有通过对目标的描述，各种表达方法才有意义。

（9）**特征提取** 特征提取（Feature Extraction）指的是进一步处理之前得到的图像区域和边缘，使其成为一种更适合于计算机处理的形式。为了使计算机能够"理解"图像，从而具有真正意义上的"视觉"，需要研究如何从图像中提取有用的数据或信息，得到图像的"非图像"的表示或描述，如数值、向量和符号等。这一过程就是特征提取，而提取出来的这些"非图像"的表示或描述就是特征。有了这些数值或向量形式的特征，就可以通过训练过程教会计算机懂得这些特征，从而使计算机具有识别图像的本领。常用的图像特征有纹理特征、形状特征、空间关系特征等。

（10）**对象识别** 对象识别（Object Recognition & Identification）一般是指对前一步从数字图像中提取出的特征向量进行分类和理解的过程，这涉及计算机技术、模式识别、人工智能等多方面的知识。这一步骤是建立在前面诸多步骤的基础上的，用以向上层控制算法提供最终所需的数据或直接报告识别结果。事实上，对象识别已经上升到了机器视觉的层面。在众多实际项目中，对象识别都被作为替代传统图像处理手段的方式，应用在人脸识别、表情识别等应用中。

经过上述处理步骤，一幅最初原始的、可能存在干扰和缺损的图像就变成了其他控制算法需要的信息，从而实现了图像理解的最终目的。以上概括了数字图像处理的基本步骤，但不是每个图像处理系统都一定要进行所有这些步骤。事实上，很多图像处理系统并不需要处理彩色图像，或者不需要进行图像复原。**在实际的图像处理系统设计中，应根据实际需要决定采用哪些步骤和模块。**

任务 4　典型图像处理操作

一、点运算

点运算也称为**对比度增强、对比度拉伸**或**灰度变换，是一种通过图像中的每一个像素值（即像素点上的灰度值）进行运算的图像处理方式**。点运算是像素的逐点运算，它将输入图像映射为输出图像，输出图像中每个像素点的灰度值仅由对应的输入像素点的灰度值决定。点运算不会改变图像内像素点之间的空间关系。点运算分为线性点运算和非线性点运算两种。线性点运算一般包括调节图像的对比度和灰度标准化；非线性点运算一般包括阈值化处理和直方图均衡化。

1. 灰度变换

灰度变换是一种通过对图像中的每一个像素值（即像素点上的灰度值）进行计算，从而改善图像显示效果的操作。灰度变换是图像数字化及图像显示的重要工具。在真正进行像素处理之前，有时可以利用灰度变换来克服图像数字化设备的局限性。

设输入图像为 $A(x,y)$，输出图像为 $B(x,y)$，则灰度变换可表示为

$$B(x,y) = f[A(x,y)] \tag{5-6}$$

灰度变换完全由灰度映射函数 f 决定，f 可以是线性函数或非线性函数。

2. 线性灰度变换

假定原图像 $f(x,y)$ 的灰度变换范围为 $[a,b]$,希望变换后的图像 $g(x,y)$ 的灰度变换扩展为 $[c,d]$,则采用下述线性变换来实现:

$$g(x,y) = \frac{d-c}{b-a}[f(x,y)-a] + c \tag{5-7}$$

式(5-7)的关系可以用图 5-10 表示。实际上是使曝光不充分图像中黑的更黑、白的更白,从而提高图像灰度对比度。线性灰度变换处理效果图如图 5-11 所示。

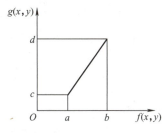

图 5-10　线性变换函数

a) 处理前　　　　　　　　　　　　　　b) 处理后

图 5-11　线性灰度变换处理效果图

3. 分段线性灰度变换

为了突出图像中感兴趣的目标或灰度区间,相对抑制那些不感兴趣的灰度区域,而不惜牺牲其他灰度级上的细节,可以采用分段线性法,将需要的图像细节灰度拉伸,增强对比度,同时将不需要的细节灰度级压缩。常采用图 5-12 所示的分段线性灰度变换法,其数学表达式如下:

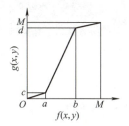

图 5-12　分段线性灰度变换法

$$g(x,y) = \begin{cases} (c/a)f(x,y) & 0 < f(x,y) < a \\ [(d-c)/(b-a)]f(x,y) + c & a \leq f(x,y) \leq b \\ [(M-d)/(M-b)][f(x,y)-b+d] & b < f(x,y) \leq F_{\max} \end{cases} \tag{5-8}$$

分段线性变换效果图如图 5-13 所示。

a) 变换前　　　　　　　　　　　　　　　b) 变换后

图 5-13　分段线性变换效果图

4. 非线性灰度变换

这里只介绍对数变换的一些基本原理，对数变换的一般表达式为

$$g(x,y) = a + \frac{\ln[f(x,y)+1]}{b\ln c} \tag{5-9}$$

式中，a、b、c 是为了调整曲线的位置和形状而引入的参数。

对数变换常用来扩展低值灰度，压缩高值灰度，这样可使低值灰度的图像细节更容易看清。非线性图像变换处理效果如图 5-14 所示。

a) 处理前　　　　　　　　　　　　　　　b) 处理后

图 5-14　非线性图像变换处理效果图

5. 直方图均衡化

在统计学中，直方图（Histogram）是对数据分布情况的图形表示，是一种二维统计图表，它的两个坐标分别是统计样本和该样本对应的某个属性的度量。直方图均衡化是图像处理领域中利用图像直方图对对比度进行调整的方法，这种方法对于背景和前景都太亮或太暗的图像非常有用，尤其是可以带来 X 光图像中更好的骨骼结构显示以及曝光过度或曝光不足照片中更好的细节。直方图均衡化常用来增加图像的全局对比度，尤其是当图像的有用数据的对比度相当接近的时候。通过这种方法，亮度可以更好地在直方图上分布，这样就可以用于增强局部的对比度而不影响整体的对比度。

假设用 n_i 表示图像中灰度 i 出现的次数,则图像中灰度为 i 的像素的出现概率是

$$p_x(i) = \frac{n_i}{n}, i \in 0, \cdots, L-1 \tag{5-10}$$

式中,L 是图像中所有的灰度数;n 是图像中所有的像素数;p 实际上是图像的直方图,归一化到 (0,1)。把 c 作为对应于 p 的累计概率函数,定义为

$$c(i) = \sum_{j=0}^{i} p_x(j) \tag{5-11}$$

c 是图像的累计归一化直方图。创建一个形式为 $y = T(x)$ 的变化,对于原始图像中的每个值它都产生一个 y,这样 y 的累计概率函数就可以在所有值范围内进行线性化,转换公式为

$$y_i = T(x_i) = c(i) \tag{5-12}$$

上面描述了在灰度图像上使用直方图均衡化的方法,如果将这种方法分别用于图像 RGB 颜色值的红色、绿色和蓝色分量,则也可以对彩色图像进行处理。直方图均衡化处理效果图如图 5-15 所示。

a) 处理前　　　　　　　　　b) 处理后

图 5-15　直方图均衡化处理效果图

二、图像平滑

图像噪声是图像处理中经常会遇到的问题,它的存在会使图像的质量下降,因此解决图像噪声问题在图像处理过程中是不可忽视的。根据噪声的性质不同,消除噪声的方法也有所不同。随机噪声是一种线索最少却最常见的噪声。对于多帧图像,取其帧数的平均值,因此帧数越多,越接近实际值。对于单帧图像,随机噪声隐藏的像素的实际灰度值是不可知的,此时,只能尽量使噪声对图像的影响最小化。噪声的灰度与周围像素的灰度之间有明显的灰度差,正是这些明显的灰度差造成了视觉上的障碍。一般情况下,把利用噪声的性质来消除图像中噪声的方法称为图像平滑。受传感器和大气等因素的影响,遥感图像上会出现某些亮度变化过大的区域,或者出现一些亮点(也称背景噪声),为了抑制噪声,使图像亮度趋于平缓的处理方法就是图像平滑。图像平滑实际上是低通滤波,平滑过程会导致图像边缘模糊化。

1. 均值滤波

均值滤波器是消除噪声最简单的方法,是指使用某像素周围 $m \times n$ 像素范围内的平均值

来置换该像素值。通过使图像模糊，达到看不到细小噪声的目的。但是使用这种方法，在噪声被消除的同时，目标图像也变模糊了。例如，就像和面一样，先在中间加点水，然后不断把周围的面和进来，搅拌几次，面就均匀了。用信号处理的理论来解释，这种做法实现上是一种简单的低通滤波器。在灰度连续变化的图像中，如果出现了与相邻像素的灰度相差很大的点，如一片暗区中若突然出现一个亮点，人眼能很容易觉察到，这种情况被认为是一种噪声。灰度突变在频域中代表了一种高频分量，低通滤波器的作用就是滤掉高频分量，从而达到减少图像噪声的目的。

均值滤波就是用滤波掩膜所确定的邻域内像素的平均灰度值代替图像中每个像素点的值，这种处理方法减少了图像灰度的"尖锐变化"，起到了减噪的作用，但同样带来了边缘模糊的负面效应。均值滤波的主要应用是去除图像中的不相干细节，"不相干"是指与滤波掩膜尺寸相比较小的像素区域。滤波掩膜也称为模板（Template），其大小通常为 3×3，如图 5-16 所示，其中掩膜也称为加权平均。

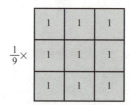

图 5-16 3×3 模板

设一幅图像 $f(x,y)$ 为 $N \times N$ 的阵列，处理后的图像为 $g(x,y)$，它的每个像素的灰度级由包含（x,y）邻域的几个像素的灰度级的平均值所决定，即用式(5-13)得到处理后的图像：

$$g(x,y) = \frac{1}{M} \sum_{i,j \in S} f(x,y) \tag{5-13}$$

式中，x、$y = 0, 1, 2, \cdots, N-1$；S 是以（x,y）为中心的邻域的集合；M 是 S 内坐标点的总数。

图像邻域平均算法简单、计算速度快，但在降低噪声的同时会使图像变得模糊，特别是在边沿和细节处，这是因为处理效果与所用邻域半径有关，半径越大，图像越模糊。图 5-17 和图 5-18 所示分别为原始椒盐噪声污染的图像以及经均值滤波处理后的图像。

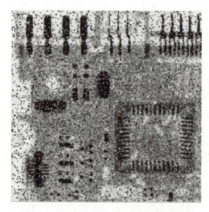

图 5-17 原始椒盐噪声污染的图像

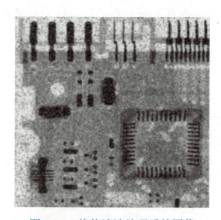

图 5-18 均值滤波处理后的图像

2. 中值滤波

中值滤波是一种典型的低通滤波器，属于非线性滤波技术，它的目的是在保护图像边缘的同时去除噪声。所谓中值滤波，是指把以某点 (x,y) 为中心的小窗口内的所有像素的灰度按从大到小的顺序排列，若窗口中的像素为奇数，则将中间值作为 (x,y) 处的灰度值；若窗口中的像素为偶数，则取两个中间值的平均值作为 (x,y) 处的灰度值。由于它在实际运算过程中并不需要图像的统计特性，因此比较方便。中值滤波首先被应用在一维信号处理技术中，后来被二维图像信号处理技术所应用。在一定条件下，它可以克服线性滤波带来的图像细节模糊的问题，而且对滤除脉冲干扰及图像扫描噪声最为有效。但是，对一些细节多，特别是点、线、尖顶细节多的图像不宜采用中值滤波的方法。

中值滤波的基本原理是把数字图像或数字序列中一点的值用该点的一个邻域中各点值的中值代替。

设有一个一维序列 $f_1, f_2, \cdots, f_n$，取窗口长度为 m（m 为奇数），对此序列进行中值滤波，即从输入序列中相继抽出 m 个数，$f_{i-v}, \cdots, f_{i-1}, \cdots, f_i, \cdots, f_{i+1}, \cdots, f_{i+v}$，其中 i 为窗口的中心位置，$v = \dfrac{m-1}{2}$，再将这 m 个点按其数值大小排列，取其序号为正中间的那个值作为输出，用数学公式表示为

$$Y_i = \mathrm{Med}\{f_{i-v}, \cdots, f_i, \cdots, f_{i+v}\} \qquad i \in Z, v = \dfrac{m-1}{2} \qquad (5\text{-}14)$$

例如，有一个序列为 $\{0,3,4,0,7\}$，则中值滤波输出为重新排序后的序列 $\{0,0,3,4,7\}$ 的中间值 3。此例若用平均滤波，窗口也是取 5，那么平均滤波输出为

$$(0+3+4+0+7)/5 = 2.8$$

因此，平均滤波的一般输出为

$$Z_i = (f_{i-v} + f_{i-v+1} + \cdots + f_i + \cdots + f_{i+v})/m \qquad i \in Z \qquad (5\text{-}15)$$

对二维序列 $\{X_{ij}\}$ 进行中值滤波时，滤波窗口也是二维的，但这种二维窗口可以有各种不同的形状，如线状、方形、圆形、十字形、圆环形等。二维数据的中值滤波可以表示为

$$Y_{i,j} = \mathrm{Med}_{A}\{X_{ij}\} \qquad (5\text{-}16)$$

式中，A 是滤波窗口。

在实际使用时，窗口的尺寸一般先用 3×3，再取 5×5，然后逐渐增大，直到其滤波效果令人满意为止。对于有缓变的较长轮廓线物体的图像，采用方形或圆形窗口较为合适；对于包含尖顶角物体的图像，则适宜用十字形窗口。使用二维中值滤波时，最值得注意的是要保持图像中有效的细线状物体。与均值滤波相比，中值滤波从总体上能够较好地保留原图像中的跃变部分。图 5-19 所示为原始椒盐噪声污染的图像（见图 5-17）经中值滤波处理后的图像。

三、图像几何变换

图像的几何变换是图像处理和图像分析的基础内容之一，它不仅提供了产生某些图像的可能，还可以使图像处理和分析的程序简单化，特别是在图像具有一定规律性时，一个图像可以由另一个图像通过几何变换来获得。所以，为了提高图像处理和分析程序设计的速度和质量，开拓图像程序应用范围的新领域，对图像进行几何变换是十分必要的。

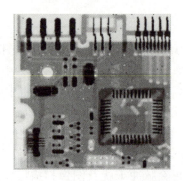

图 5-19 中值滤波处理后的图像

1. 几何变换基础

图像的几何变换,是指使用户获得或设计的原始图像按照需要产生大小、形状和位置的变化。它不改变图像的像素值,而是改变像素所在的几何位置。从图像类型分,图像的几何变换有二维平面图像的几何变换、三维图像的几何变换以及由三维向二维平面投影变换等类型。从变换的性质分,图像的几何变换有位置变换(如平移、镜像、旋转)、形状变换(如放大、缩小、错切)等基本变换,以及复合变换(如透值)和插值运算等。本书只讨论二维图像的几何变换。

变换中心在坐标原点的比例缩放、反射、错切和旋转等各种二维变换,都可以用 2×2 阶矩阵来表示和实现。但是,2×2 阶矩阵 $T = \begin{bmatrix} a & b \\ c & d \end{bmatrix}$ 无法实现图像的平移以及绕任意点的比例缩放、反射、错切和旋转等变换。为了能够用统一的矩阵线性变换形式来表示和实现这些常见的二维图像几何变换,需要引入一种新的坐标,即齐次坐标。利用齐次坐标进行变换处理,才能实现上述各种二维图像的几何变换。下面以图像的平移为例,说明用齐次坐标表示的二维图像几何变换的矩阵,并在此基础上推广至其他情况。

现设点 $P_0(x_0, y_0)$ 经平移后,移到 $P(x, y)$,其中 x 方向的平移量为 Δx,y 方向的平移量为 Δy,那么点 $P(x, y)$ 的坐标为

$$\begin{cases} x = x_0 + \Delta x \\ y = y_0 + \Delta y \end{cases} \tag{5-17}$$

这个变换用矩阵的形式可以表示为

$$\begin{bmatrix} x \\ y \end{bmatrix} = \begin{bmatrix} 1 & 0 \\ 0 & 1 \end{bmatrix} \begin{bmatrix} x_0 \\ y_0 \end{bmatrix} + \begin{bmatrix} \Delta x \\ \Delta y \end{bmatrix} \tag{5-18}$$

然而,平面上点的变换矩阵 $T = \begin{bmatrix} a & b \\ c & d \end{bmatrix}$ 中没有引入平移常量,无论 a、b、c、d 取值如何,都不能实现上述平移变换。因此,需要使用 2×3 阶变换矩阵,其形式为

$$T = \begin{bmatrix} 1 & 0 & \Delta x \\ 0 & 1 & \Delta y \end{bmatrix} \tag{5-19}$$

此矩阵的第一、二列构成单位矩阵,第三列元素为平移常量。由上述可知,对二维图像进行变换时,只需要将图像的点集矩阵乘以变换矩阵即可,二维图像对应的点集矩阵是 $2\times$

n 阶的,而扩展后的变换矩阵是 2×3 阶的,这不符合矩阵相乘时要求前者的列数与后者的行数相等的规则。所以需要在点的坐标列矩阵 $\begin{bmatrix}x\\y\end{bmatrix}$ 中引入第三个元素,增加一个附加坐标,扩展为 3×1 的列矩阵 $\begin{bmatrix}x\\y\\1\end{bmatrix}$,这样用三维空间点 $(x,y,1)$ 表示二维空间点 (x,y),即采用一种特殊的坐标,便可以实现平移变换,变换结果为

$$P = T \cdot P_0 = \begin{bmatrix}1 & 0 & \Delta x\\0 & 1 & \Delta y\end{bmatrix}\begin{bmatrix}x\\y\\1\end{bmatrix} = \begin{bmatrix}x_0+\Delta x\\y_0+\Delta y\end{bmatrix} = \begin{bmatrix}x\\y\end{bmatrix} \quad (5\text{-}20)$$

式 $\begin{cases}x = x_0 + \Delta x\\y = y_0 + \Delta y\end{cases}$ 符合上述平移后的坐标位置。通常将 2×3 阶矩阵扩展为 3×3 阶矩阵,以拓宽功能,由此可得平移变换矩阵为

$$T = \begin{bmatrix}1 & 0 & \Delta x\\0 & 1 & \Delta y\\0 & 0 & 1\end{bmatrix} \quad (5\text{-}21)$$

下面再验证一下点 $P(x,y)$ 按照 3×3 阶变换矩阵 T 平移变换的结果。

$$P = T \cdot P_0 = \begin{bmatrix}1 & 0 & \Delta x\\0 & 1 & \Delta y\\0 & 0 & 1\end{bmatrix}\begin{bmatrix}x_0\\y_0\\1\end{bmatrix} = \begin{bmatrix}x_0+\Delta x\\y_0+\Delta y\\1\end{bmatrix} = \begin{bmatrix}x\\y\\1\end{bmatrix} \quad (5\text{-}22)$$

从式(5-22)可以看出,引入附加坐标后,扩充了矩阵的第三行,并没有使变换结果受到影响。这种用 $n+1$ 维向量表示 n 维向量的方法称为齐次坐标表示法。

2. 图像缩放

图像比例缩放(简称图像缩放)是指将给定的图像在 x 方向按比例缩放 f_x 倍,在 y 方向按比例缩放 f_y 倍,从而获得一幅新的图像。如果 $f_x = f_y$,即在 x 方向和 y 方向缩放的比例相同,则称这样的比例缩放为图像的全比例缩放。如果 $f_x \neq f_y$,图像的比例缩放会改变原始图像的像素间的相对位置,而产生几何畸变。

设原图像中的点 $P_0(x_0, y_0)$ 经比例缩放后,在新图像中的对应点为 $P(x,y)$,则比例缩放前后两点 $P_0(x_0, y_0)$、$P(x,y)$ 之间的关系用矩阵形式表示为

$$\begin{bmatrix}x\\y\\1\end{bmatrix} = \begin{bmatrix}f_x & 0 & 0\\0 & f_y & 0\\0 & 0 & 1\end{bmatrix}\begin{bmatrix}x_0\\y_0\\1\end{bmatrix} \quad (5\text{-}23)$$

其逆运算为

$$\begin{bmatrix}x_0\\y_0\\1\end{bmatrix} = \begin{bmatrix}\dfrac{1}{f_x} & 0 & 0\\0 & \dfrac{1}{f_y} & 0\\0 & 0 & 1\end{bmatrix}\begin{bmatrix}x\\y\\1\end{bmatrix} \quad (5\text{-}24)$$

即
$$\begin{cases} x_0 = \dfrac{x}{f_x} \\ y_0 = \dfrac{y}{f_y} \end{cases}$$

比例缩放所产生的图像中的像素可能在原图像中找不到相应的像素点，这样就必须进行插值处理。有关插值处理的内容将在后文中讨论。

(1) 图像的比例缩小　最简单的比例缩小是当 $f_x = f_y = \dfrac{1}{2}$ 时，图像被缩小到原图像的一半大小，此时缩小后图像中的（0,0）像素对应于原图像中的（0,0）像素，（0,1）像素对应于原图像中的（0,2）像素，（1,0）像素对应于原图像中的（2,0）像素，依此类推。图像缩小之后，因为承载的数据量小了，所以画布可相应缩小。此时，只需在原图像基础上，每行隔一个像素取一点，每隔一行进行操作，即取原图像的偶（奇）数行和偶（奇）数列构成新的图像。如果图像按任意比例缩小，则需要计算选择的行和列。

如果将 $M \times N$ 大小的原图像 $F(x,y)$ 缩小为 $kM \times kN$（$k<1$）大小的新图像 $I(x,y)$，则

$$I(x,y) = F(\text{int}(c \times x), \text{int}(c \times y)) \tag{5-25}$$

式中，$c = \dfrac{1}{k}$。由式（5-25）可以构造出新图像。

当 $f_x \neq f_y$（$f_x > 0, f_y > 0$）时，图像不按比例缩小，这种操作因为在 x 方向和 y 方向的缩小比例不同，一定会带来图像的几何畸变。图像不按比例缩小的方法是，当 $M \times N$ 大小的原图像 $F(x,y)$ 缩小为 $k_1 M \times k_2 N$（$k_1 < 1, k_2 < 1$）大小的新图像 $I(x,y)$ 时，有

$$I(x,y) = F(\text{int}(c_1 \times x), \text{int}(c_2 \times y)) \tag{5-26}$$

式中，$c_1 = \dfrac{1}{k_1}$，$c_2 = \dfrac{1}{k_2}$。由式（5-26）可以构造出新图像。

(2) 图像的比例放大　图像的缩小操作，是在现有信息中挑选所需要的有用信息。而在图像的放大操作中，则需要对尺寸放大后多出来的空格填入适当的像素值，这是信息的估计问题，所以与图像的缩小相比要难一些。当 $f_x = f_y = 2$ 时，图像将按比例放大 2 倍，放大后图像中的（0,0）像素对应原图像中的（0,0）像素；（0,1）像素对应于原图像中的（0,0.5）像素，该像素不存在，可以近似为（0,0），也可以近似为（0,1）；（0,2）像素对应于原图像中的（0,1）像素；（1,0）像素对应于原图像中的（0.5,0），它的像素值近似于（0,0）或（1,0）像素；（2,0）像素对应于原图像中的（1,0）像素，依此类推。其实这是将原图像每行中的像素重复取值一遍，然后每行重复一次。

按比例将原图像放大 k 倍时，如果按照最近邻域法，则需要将一个像素值添入新图像的 $k \times k$ 的子块中。显然，如果放大倍数太大，按照这种方法处理会出现马赛克效应。当 $f_x \neq f_y$（$f_x > 0, f_y > 0$）时，图像在 x 方向和 y 方向不按比例放大，由于 x 方向和 y 方向的放大倍数不同，一定会带来图像的几何畸变。放大的方法是将原图像的一个像素添入新图像的一个 $k_1 \times k_2$ 的子块中。为了提高几何变换后的图像质量，常采用线性插值法。该方法的原理是，当求出的分数地址与像素点不一致时，求出周围四个像素点的距离比，根据该比值，由四个邻域的像素灰度值进行线性插值。

3. 图像旋转

一般图像的旋转是以图像的中心为原点，将图像上的所有像素都旋转一个相同的角度。图像的旋转变换是其位置的变换，图像的大小一般不会改变。在图像旋转变换中，既可以把转出显示区域的图像截去，也可以扩大图像范围以显示所有的图像。

同样，图像的旋转变换也可以用矩阵变换来表示。设点 $P_0(x_0, y_0)$ 沿逆时针方向旋转 α 角后的对应点为 $P(x, y)$。那么，旋转前后点 $P_0(x_0, y_0)$、$P(x, y)$ 的坐标分别是

$$\begin{cases} x_0 = r\cos\alpha \\ y_0 = r\cos\alpha \end{cases} \tag{5-27}$$

$$\begin{cases} x = r\cos(\alpha+\theta) = r\cos\alpha\cos\theta - r\sin\alpha\sin\theta = x_0\cos\theta - y_0\sin\theta \\ y = r\sin(\alpha+\theta) = r\sin\alpha\cos\theta + r\cos\alpha\sin\theta = x_0\sin\theta + y_0\cos\theta \end{cases} \tag{5-28}$$

写成矩阵表达式为

$$\begin{bmatrix} x \\ y \\ 1 \end{bmatrix} = \begin{bmatrix} \cos\theta & -\sin\theta & 0 \\ \sin\theta & \cos\theta & 0 \\ 0 & 0 & 1 \end{bmatrix} \begin{bmatrix} x_0 \\ y_0 \\ 1 \end{bmatrix} \tag{5-29}$$

其逆运算为

$$\begin{bmatrix} x \\ y \\ 1 \end{bmatrix} = \begin{bmatrix} \cos\theta & \sin\theta & 1 \\ -\sin\theta & \cos\theta & 1 \\ 0 & 0 & 1 \end{bmatrix} \begin{bmatrix} x_0 \\ y_0 \\ 1 \end{bmatrix} \tag{5-30}$$

采用上述方法进行图像旋转时需要注意如下两点：

1）图像旋转之前，为了避免信息丢失，一定要进行坐标平移。

2）图像旋转之后，会出现许多空洞点。对这些空洞点必须进行填充处理，否则画面效果不好，一般也称这种操作为插值处理。

以上所讨论的旋转是绕坐标轴原点 $(0,0)$ 进行的。如果图像是绕一个指定点 (a,b) 旋转，则先要将坐标原点平移到该点，然后再进行旋转，接着将旋转后的图像平移回原来的坐标原点，这实际上是图像的复合变换。如将一幅图像绕点 (a,b) 沿逆时针方向旋转 α 角，首先将原点平移到 (a,b)，即

$$A = \begin{bmatrix} 1 & 0 & -a \\ 0 & 1 & -b \\ 0 & 0 & 1 \end{bmatrix} \tag{5-31}$$

然后旋转

$$B = \begin{bmatrix} \cos\theta & -\sin\theta & 0 \\ \sin\theta & \cos\theta & 0 \\ 0 & 0 & 0 \end{bmatrix} \tag{5-32}$$

最后再平移回来，即

$$C = \begin{bmatrix} 1 & 0 & a \\ 0 & 1 & b \\ 0 & 0 & 1 \end{bmatrix} \tag{5-33}$$

综上所述,变换矩阵为 $T = C \cdot B \cdot A$。

4. 图像剪取

有时为了减少图像所占存储空间,可舍弃图像的无用部分,只保留感兴趣的部分,这就需要用到图像的剪取功能。这里只讨论对原图像剪取一个形状为矩形部分的操作。对一幅图像进行剪取操作前,首先需要初始化该图像,这样图像上的每个点就都对应了一个二维坐标 (x, y)。首先取二维坐标系上的一点 (x_0, y_0),将该点作为要截取矩形的左上角的起始坐标;然后定义两个常量 Δx、Δy,其中 Δx 代表矩形的长度,Δy 代表矩形的宽度,再舍弃矩形外的点。这样,在整个坐标系上,由 (x_0, y_0)、$(x_0 + \Delta x, y_0)$、$(x_0, y_0 + \Delta y)$ 和 $(x_0 + \Delta x, y_0 + \Delta y)$ 四个点所围成的矩形部分便被保留下来。

四、形态学处理

数学形态学是法国和德国的科学家在研究岩石结构时建立的一门学科。形态学的用途主要是获取物体拓扑和结构信息,它通过物体和结构元素相互作用的某些运算,来得到物体更本质的形态。形态学在图像处理中的应用主要是:

1)利用形态学的基本运算,对图像进行观察和处理,从而达到改善图像质量的目的。

2)描述和定义图像的各种几何参数和特征,如面积、周长、连通度、颗粒度、骨架和方向性等。

1. 基本符号和关系

(1)元素 设有一幅图像 X,若点 a 在 X 的区域以内,则称 a 为 X 的元素,记作 $a \in X$,如图 5-20 所示。

(2)B 包含于 X 设有两幅图像 B、X,如果对于 B 中所有的元素 a_i,都有 $a_i \in X$,则称 B 包含于(Included in)X,记作 $B \subset X$,如图 5-21 所示。

(3)B 击中 X 设有两幅图像 B、X,若存在这样一个点,它既是 B 的元素,又是 X 的元素,则称 B 击中(Hit)X,记作 $B \uparrow X$,如图 5-22 所示。

(4)B 不击中 X 设有两幅图像 B、X,若不存在任何一个点,它既是 B 的元素,又是 X 的元素,即 B 和 X 的交集是空,则称 B 不击中(Miss)X,记作 $B \cap X = \emptyset$。其中 ∩ 是集合运算相交的符号,∅ 表示空集,如图 5-23 所示。

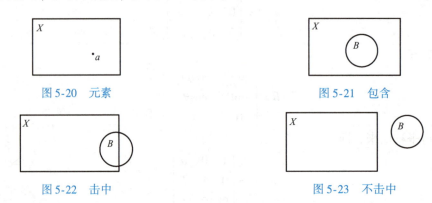

图 5-20 元素   图 5-21 包含

图 5-22 击中   图 5-23 不击中

（5）**补集** 设有一幅图像 X，所有 X 区域以外的点构成的集合称为 X 的补集，记作 X^c，如图 5-24 所示。显然，如果 $B\cap X=\varnothing$，则 B 在 X 的补集内，即 $B\subset X^c$。

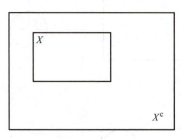

图 5-24　补集示意图

（6）**结构元素** 设有两幅图像 B、X，若 X 是被处理的对象，而 B 是用来处理 X 的，则称 B 为结构元素（Structure Element），又被形象地称为刷子。结构元素通常都是一些比较小的图像。

（7）**对称集** 设有一幅图像 B，将 B 中所有元素的坐标取反，即令 (x,y) 变成 $(-x,-y)$，所有这些点构成的新的集合称为 B 的对称集，记作 B^v，如图 5-25 所示。

（8）**平移** 设有一幅图像 B，有一个点 $a(x_0,y_0)$，将 B 平移 a 后的结果是把 B 中所有元素的横坐标加 x_0，纵坐标加 y_0，即令 (x,y) 变成 $(x+x_0,y+y_0)$，所有这些点构成的新的集合称为 B 的平移，记作 B_a，如图 5-26 所示。

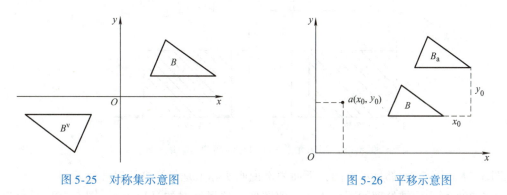

图 5-25　对称集示意图　　　　图 5-26　平移示意图

2. 腐蚀

把结构元素 B 平移 a 后得到 B_a，若 B_a 包含于 X，则记下这个 a 点，所有满足上述条件的 a 点组成的集合称为 X 被 B **腐蚀**（Erosion）的结果。用公式表示为 $E(X)=\{a\mid B_a\subset X\}=X\ominus B$，如图 5-27 所示。

图 5-27 中，X 是被处理的对象，B 是结构元素。不难知道，对于任意一个在阴影部分的点 a，$B_a\subset X$，所以 X 被 B 腐蚀的结果就是那个阴影部分。阴影部分在 X 的范围之内，且比 X 小，就像 X 被剥掉了一层似的，这就是称其为"腐蚀"的原因。

值得注意的是，上面的 B 是对称的，即 B 的对称集 $B^v=B$，所以 X 被 B 腐蚀的结果和 X 被 B^v 腐蚀的结果是一样的。如果 B 不是对称的，则 X 被 B 腐蚀的结果和 X 被 B^v 腐蚀的结果不同，如图 5-28 所示。

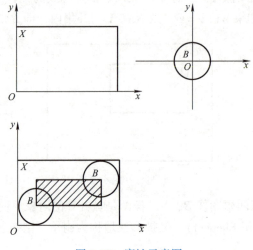

图 5-27 腐蚀示意图

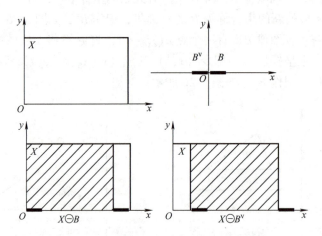

图 5-28 结构元素为非对称时腐蚀的结果不同

图 5-27 和图 5-28 都是示意图，下面举例说明实际上是怎样进行腐蚀运算的。

图 5-29a 所示为被处理的图像 X（二值图像，这里针对的是黑点），图 5-29b 所示为结构元素 B，标有"origin"的点是中心点，即当前处理元素的位置。腐蚀的方法是，用 B 的中心点和 X 上的点逐一对比，如果 B 上的所有点都在 X 范围内，则该点保留，否则将该点

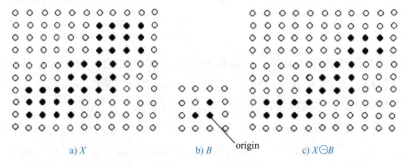

a) X b) B c) $X \ominus B$

图 5-29 腐蚀运算

去掉。图 5-29c 所示为腐蚀后的结果，可以看出，它仍在原来 X 的范围内，且比 X 包含的点要少，就像 X 被腐蚀掉了一层一样。

图 5-30 为原图，图 5-31 为腐蚀后的结果图，能够明显地看出腐蚀的效果。

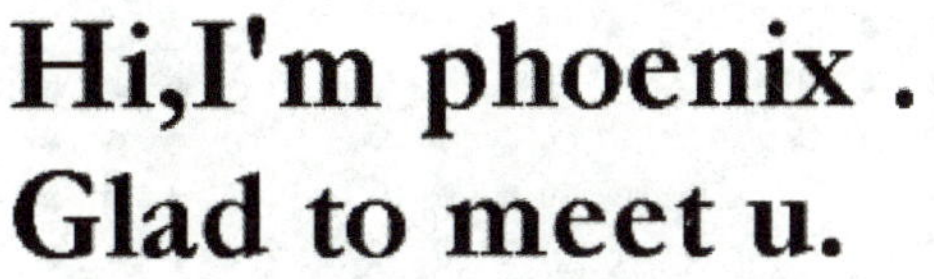

Hi,I'm phoenix .
Glad to meet u.

图 5-30 原图

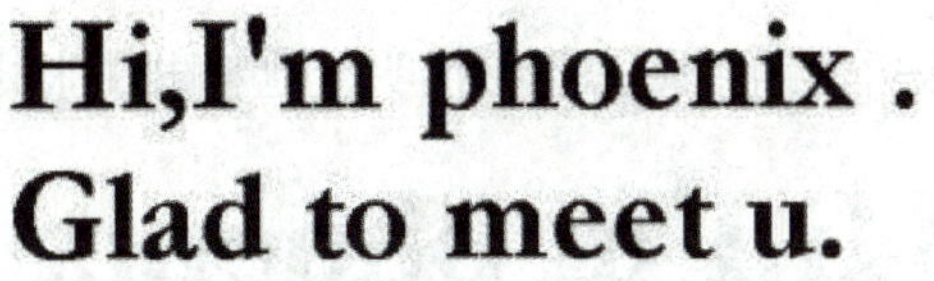

Hi,I'm phoenix .
Glad to meet u.

图 5-31 腐蚀后的结果图

3. 膨胀

膨胀（Dilation）可以看作腐蚀的对偶运算，其定义是：把结构元素 B 平移 a 后得到 B_a，若 B_a 击中 X，则记下这个 a 点，所有满足上述条件的 a 点组成的集合称为 X 被 B 膨胀的结果。用公式表示为 $D(X)=\{a \mid B_a \uparrow X\}=X \oplus B$，如图 5-32 所示。图中 X 是被处理的对象，B 是结构元素，不难知道，对于任意一个在阴影部分的点 a，B_a 击中 X，所以 X 被 B 膨胀的结果就是那个阴影部分。阴影部分包括 X 的所有范围，就像 X 膨胀了一圈似的，这就是称其为“膨胀”的原因。同样，如果 B 不是对称的，则 X 被 B 膨胀的结果和 X 被 B^{v} 膨胀的结果不同。

y
X
O
x
y
B
O
x
y
B
X
B
O
x

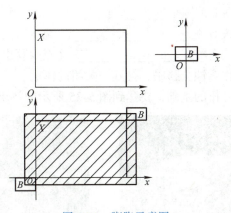

图 5-32 膨胀示意图

下面举例说明实际上是怎样进行膨胀运算的。图 5-33a 所示为被处理的图像 X（二值图像，这里针对的是黑点），图 5-33b 所示为结构元素 B。膨胀的方法是，用 B 的中心点和 X 上的点及 X 周围的点逐一对比，如果 B 上有一个点落在 X 的范围内，则该点就为黑。图 5-33c 所示为膨胀后的结果，可以看出，它包括 X 的所有范围，就像 X 膨胀了一圈似的。

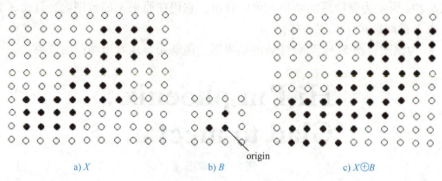

图 5-33 膨胀运算

图 5-34 为图 5-30 膨胀后的结果图,能够很明显地看出膨胀的效果。

Hi,I'm phoenix.
Glad to meet u.

图 5-34 膨胀后的结果图

腐蚀运算和膨胀运算互为对偶,用公式表示为 $(X\ominus B)^c = (X^c \oplus B)$,即 X 被 B 腐蚀后的补集等于 X 的补集被 B 膨胀。这句话可以形象地理解为:河岸的补集为河面,河岸的腐蚀等价于河面的膨胀。在有些情况下,对偶关系是非常有用的,直接利用对偶就可以实现某些功能。

习 题

1. 8bit 黑白图像的灰度值范围是_____,_____表示黑,_____表示白。
2. 常见的图片存储格式有_____(至少写出 4 个)。
3. 常用的图像平滑方法有_____(至少写出 3 个)。
4. 简述常用形态学操作腐蚀、膨胀、打开、关闭的作用。
5. 图像预处理是图像分析的基础,要达到图 5-35 所示的效果,应采用(   )。

a) 增强黑点

b) 去除垂直线

图 5-35 习题 5 图

A. 膨胀操作,腐蚀操作 B. 腐蚀操作,边缘提取 Y 滤波器
C. 腐蚀操作,边缘提取 X 滤波器 D. 边缘提取 X 滤波器,边缘提取 Y 滤波器

项目 6 软件的安装与基本操作

任务 1 VisionPro 软件的安装

【知识要点】

1）安装软件前，应首先确认硬件系统是 32bit 系统还是 64bit 系统。
2）安装软件时先确认杀毒软件已关闭，以防止安装过程中误删除插件，导致安装不完整。

【任务要求】

完成 Cognex VisionPro_8_2_SR1 软件的安装。

注：本书是以 Cognex VisionPro_8_2_SR1 软件为基础进行各项操作和分析的，因此，界面、函数、操作方法均以 Cognex VisionPro_8_2_SR1 版本为准。

【任务实施】

（1）安装软件

1）在安装包路径下找到 setup.exe 应用程序，并双击图标开始安装，如图 6-1 和图 6-2 所示。

名称	修改日期	类型	大小
Cognex VisionPro (R) 8.2 SR1	2013/11/20 17:05	Windows Install...	9,181 KB
doc	2013/11/20 17:04	好压 CAB 压缩文件	171,090 KB
mcdriver	2013/11/20 17:04	好压 CAB 压缩文件	6,225 KB
readme	2013/11/20 10:21	文本文档	1 KB
sample3d	2013/11/20 17:05	好压 CAB 压缩文件	90,632 KB
samples	2013/11/20 17:05	好压 CAB 压缩文件	181,622 KB
setup	**2013/11/20 17:05**	**应用程序**	**1,432 KB**
Setup	2013/11/20 17:05	配置设置	7 KB
vpro	2013/11/20 17:05	好压 CAB 压缩文件	183,693 KB
WindowsInstaller-KB893803-x86	2005/5/16 16:42	应用程序	2,525 KB

图 6-1 VisionPro 安装文件

2）单击"下一步"按钮，弹出软件安装初始化界面，如图 6-3 所示。
3）单击"下一步"按钮，弹出许可证协议界面，如图 6-4 所示。
4）选择"我接受该许可证协议中的条款（A）"，继续单击"下一步"按钮，弹出用户信息界面，如图 6-5 所示。

输入对应的用户姓名和单位，如用户姓名输入"Tom"，单位输入"DCCK"。

5）继续单击"下一步"按钮，弹出安装路径界面，如图 6-6 所示。

可以使用默认安装路径"C:\Program Files\Cognex\"，也可以单击"更改"按钮选择其他安装路径。

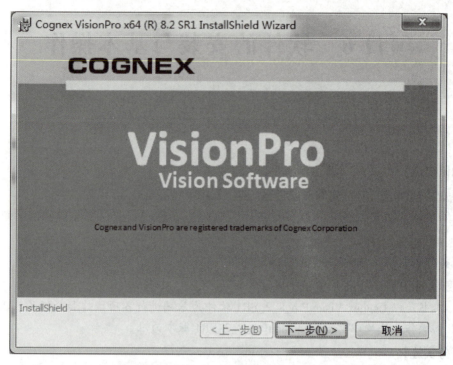

图 6-2　VisionPro 软件安装欢迎界面

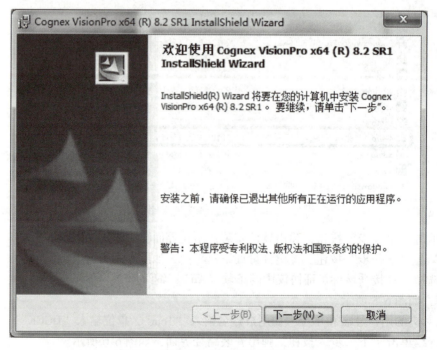

图 6-3　VisionPro 软件安装初始化界面

项目6　软件的安装与基本操作

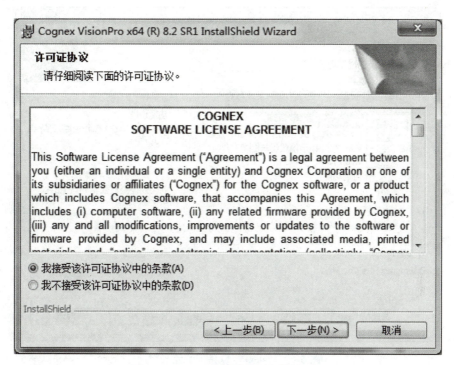

图 6-4　VisionPro 软件许可证协议界面

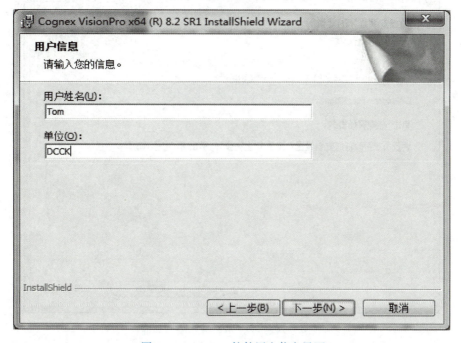

图 6-5　VisionPro 软件用户信息界面

6）继续单击"下一步"按钮，弹出开始安装界面，如图 6-7 所示。
7）单击"安装"按钮，进行安装，安装完成后弹出安装完成界面，如图 6-8 所示。

机器视觉及其应用技术

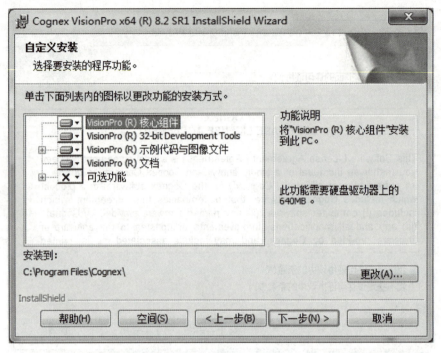

图 6-6　VisionPro 软件安装路径界面

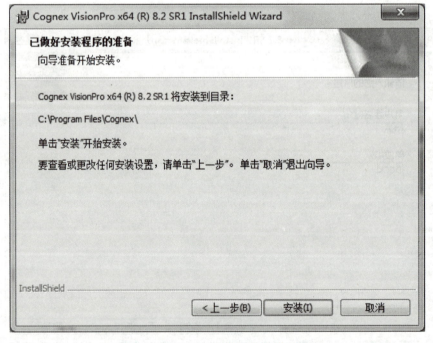

图 6-7　VisionPro 软件开始安装界面

如果计算机上已经安装了 Visual Studio 软件，建议勾选"在 Visual Studio 中安装 Vision-Pro 控件""打开 Cognex 软件许可中心安装程序""启动 Cognex 驱动程序安装程序（建议）"

项目6　软件的安装与基本操作

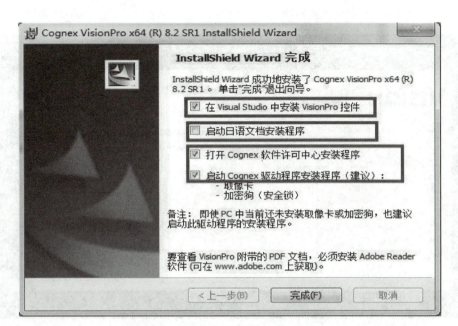

图 6-8　VisionPro 软件安装完成界面

复选框，单击"完成"按钮，将依次进入"VisionPro 控件安装向导""Cognex 软件许可中心安装程序"和"Cognex 驱动程序安装程序"。

（2）VisionPro 控件安装　VisionPro 控件安装界面如图 6-9 所示。

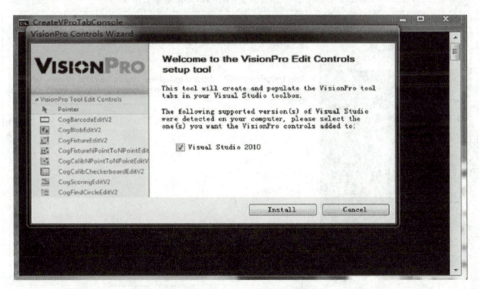

图 6-9　VisionPro 软件控件安装界面

1）若已自动搜索到计算机上安装的 Visual Studio 2010，单击"Install"按钮，等待安装完成，弹出图 6-10 所示界面。

2）单击"Close"按钮，完成控件安装。如果计算机上没有安装 Visual Studio 软件，将跳过 VisionPro 控件安装步骤，后续可以手动方式，单独完成 VisionPro 控件的安装。

图 6-10　VisionPro 软件控件安装完成界面

（3）安装 Cognex 软件许可中心　VisionPro 软件许可中心界面如图 6-11 所示。

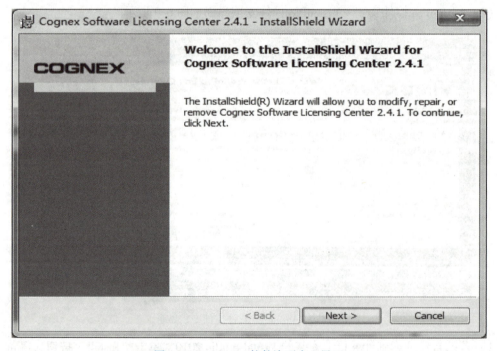

图 6-11　VisionPro 软件许可中心界面

1）单击"Next"按钮，进入图 6-12 所示界面。

2）选择"I accept the terms in the license agreement"，如图 6-13 所示，单击"Next"按钮，进入许可中心安装界面，如图 6-14 所示。

项目6 软件的安装与基本操作

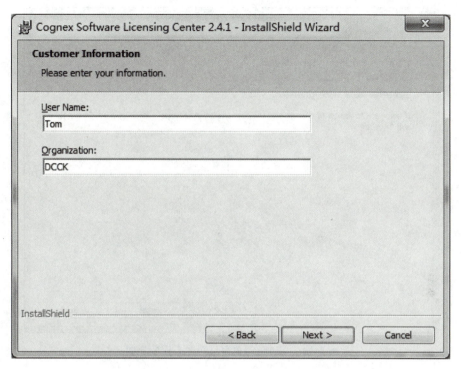

图 6-12　VisionPro 软件许可中心用户信息界面

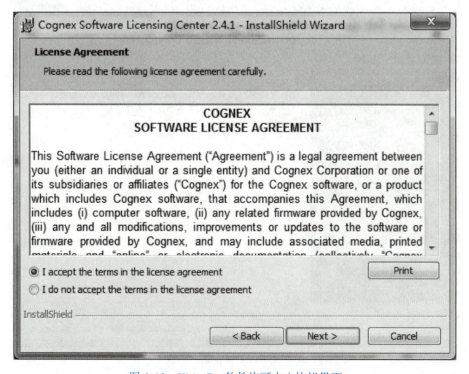

图 6-13　VisionPro 软件许可中心协议界面

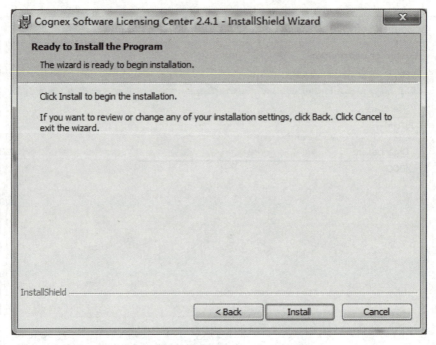

图 6-14　VisionPro 软件许可中心安装界面

3）单击"Install"按钮，开始安装，安装完成后弹出图 6-15 所示窗口。

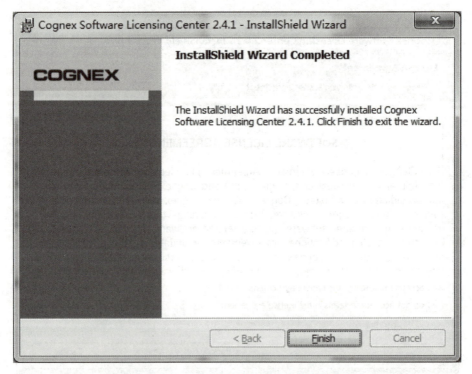

图 6-15　VisionPro 软件许可中心安装完成界面

4）单击"Finish"按钮，完成 Cognex 软件许可中心安装。

(4)安装 Cognex 驱动程序

1)图 6-16 所示界面中,单击"下一步"按钮。

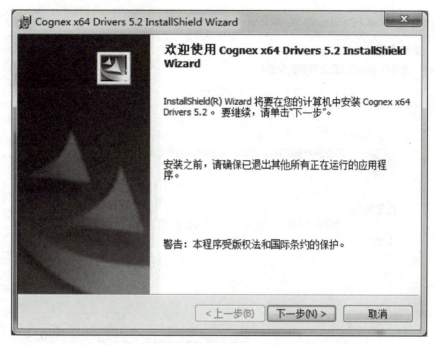

图 6-16　VisionPro 软件驱动程序安装初始化界面

2)在图 6-17 所示界面中,选择"我接受该许可证协议中的条款",单击"下一步"按钮。

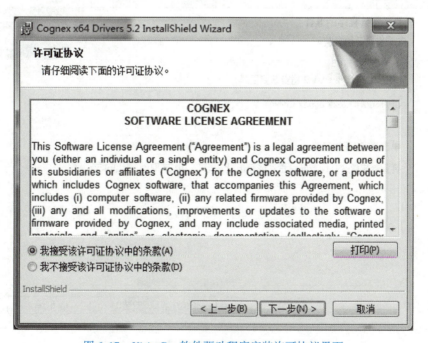

图 6-17　VisionPro 软件驱动程序安装许可协议界面

3）在图 6-18 所示界面中，选择"完整安装"，单击"下一步"按钮，然后在图 6-19 所示界面中单击"安装"按钮。

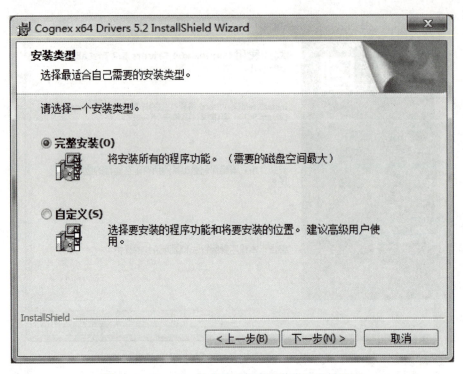

图 6-18　VisionPro 软件驱动程序安装类型选择界面

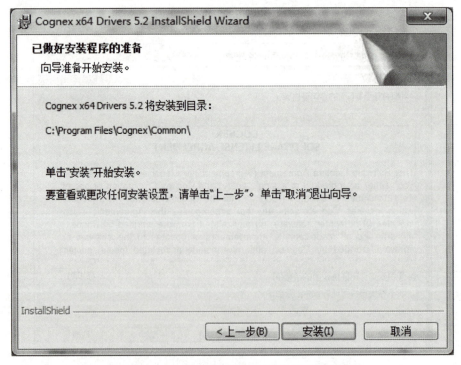

图 6-19　VisionPro 软件驱动程序安装开始界面

4)进入安装界面,如图 6-20 所示。安装完成后显示图 6-21 所示界面,单击"完成"按钮。

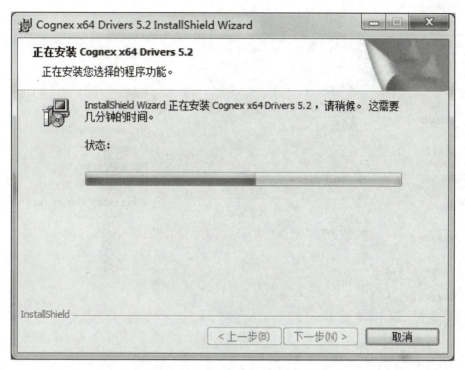

图 6-20　VisionPro 软件驱动程序安装界面

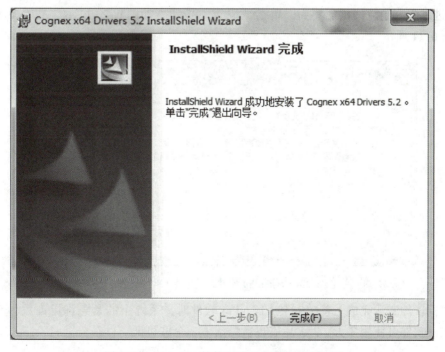

图 6-21　VisionPro 软件驱动程序安装完成界面

(5)紧急许可证的安装

1)单击"开始"→"Cognex"→"Software Licensing Center"打开软件许可中心界面,如图 6-22 所示。

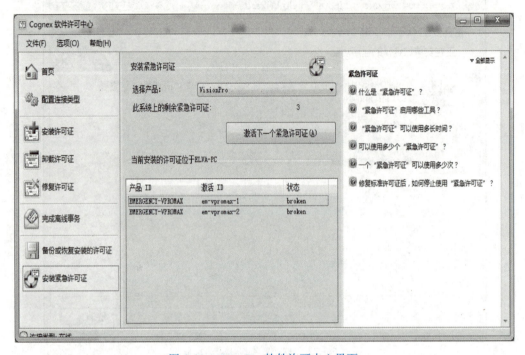

图 6-22　VisionPro 软件许可中心界面

2)进入激活紧急许可证界面,单击"确定"按钮,如图 6-23 所示,最后显示完成界面,如图 6-24 所示。

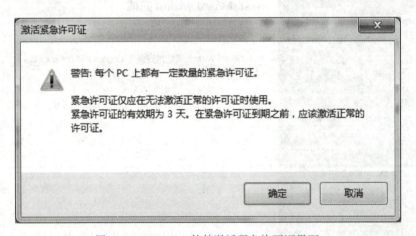

图 6-23　VisionPro 软件激活紧急许可证界面

至此,软件激活完成。首次安装 VisionPro 软件时,系统中的紧急许可证数为 5 个,每激活一次,软件可使用 3 天,3 天后需再次激活下一个许可证。

项目6　软件的安装与基本操作

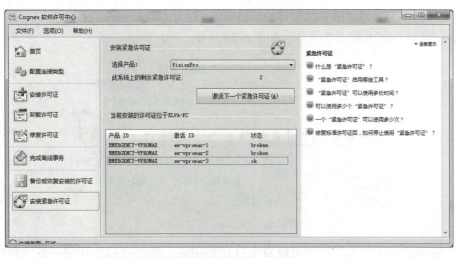

图 6-24　VisionPro 软件紧急许可证激活完成界面

任务 2　VisionPro 软件的基本操作

【任务要求】

1）认识 QuickBuild、CogJob 操作界面。

2）掌握 CogJob、ToolBlock 中工具添加、删除等基本操作。

【任务实施】

(1) 认识 QuickBuild 操作界面　QuickBuild 是 VisionPro 软件打开时的基本界面。该界面可以分为三部分，如图 6-25 所示。

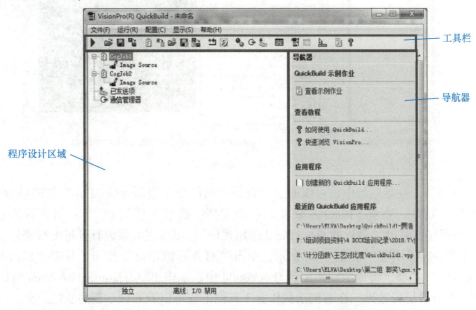

图 6-25　QuickBuild 操作界面

77

1）工具栏。工具栏包括单次运行 QuickBuild、打开 QuickBuild、保存 QuickBuild 以及新建 CogJob、保存 CogJob 等基本操作，如图 6-26 所示。

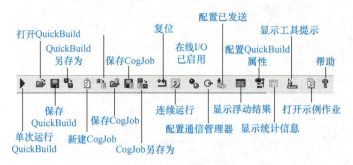

图 6-26　QuickBuild 工具栏

2）程序设计区域。在该区域可以双击打开 CogJob，并在 CogJob 中进行视觉程序设计。CogJob 又称为作业编辑器，其操作界面如图 6-27 所示，在该界面中可以打开工具箱，通过双击或拖拽工具箱里的工具，将工具添加到程序设计区。

图 6-27　CogJob 操作界面

3）导航器。在导航器中，可以通过"查看示例作业"查看 VisionPro 软件的学习示例；通过"查看教程"，查看 VisionPro 软件的帮助文档；通过"应用程序"，创建新的 QuickBuild 应用程序；通过"最近的 QuickBuild 应用程序"，可以查看最近打开过的程序。

（2）添加示例作业　如图 6-28 所示，单击"打开示例作业"按钮，双击"BlobsFixturing Histogram"选项，将该示例添加到 QuickBuild 中。双击 BlobsFixturingHistogram 可以打开该示例，并查看运行效果。在右侧示例作业工具栏下方可以看到该示例的功能简介。

（3）CogJob、ToolBlock 中的加载图片、工具添加和删除操作

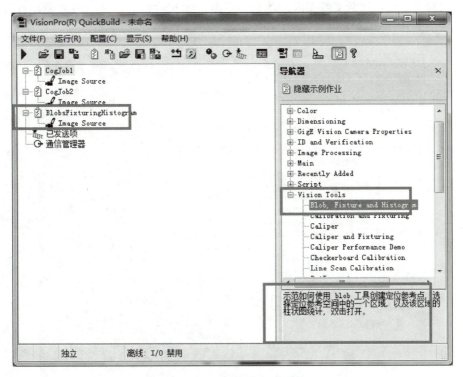

图 6-28 示例作业查看界面

1）双击 Image Source，显示图 6-29 所示界面，从本地加载图片。若连接上相机，也可以从相机中直接采集图像。

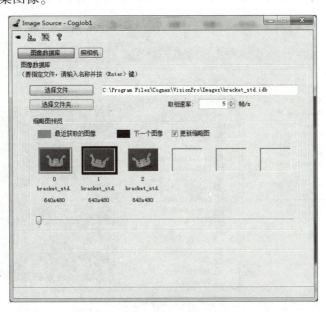

图 6-29 Image Source 加载图片界面

2）单击"选择文件"按钮，显示图 6-30 所示界面，在路径"C:\Program Files\Cognex\VisionPro\Images\"下选择"bracket_std.idb"文件，单击"打开"按钮，完成图像加载。同

理，可以选择文件夹，加载文件夹内的图片。单击"单次运行"按钮，在右侧图片显示区中可看到加载的图片。

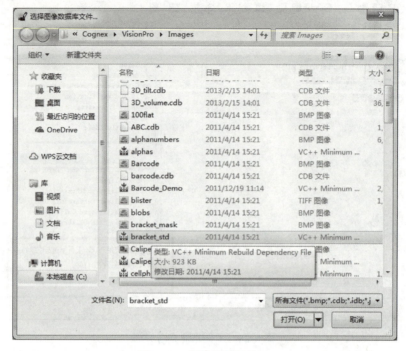

图 6-30　图像数据库界面

3）完成图片加载后，打开工具箱，双击工具或者采用拖拽的方式添加工具，如图 6-31 所示。

图 6-31　工具添加界面

图 6-32 所示为工具删除界面，单击"删除"选项可以删除工具。

项目6 软件的安装与基本操作

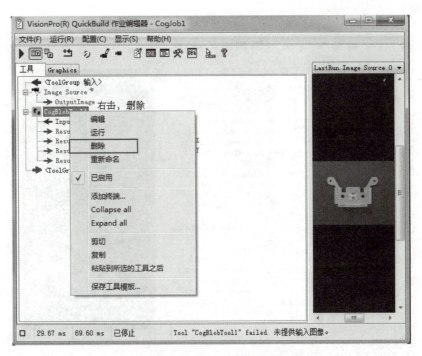

图 6-32 工具删除界面

ToolBlock 中的操作方式与上述相同。ToolBlock 添加界面和操作界面分别如图 6-33 和图 6-34 所示。

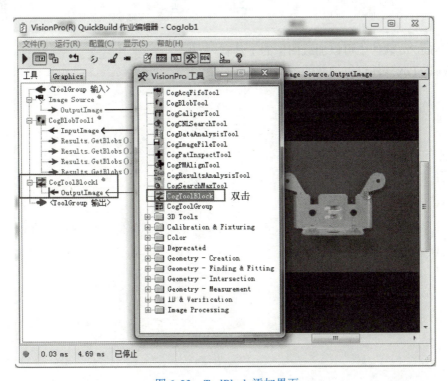

图 6-33 ToolBlock 添加界面

机器视觉及其应用技术

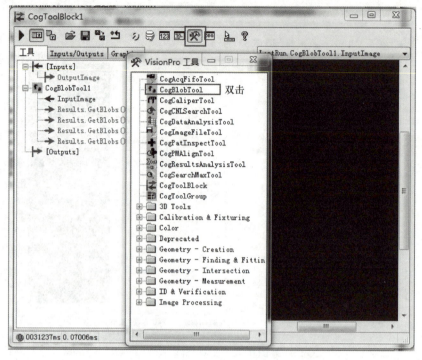

图 6-34 ToolBlock 操作界面

习　　题

1. VisionPro 软件中可以加载图像的工具有＿＿＿＿＿＿＿＿＿＿。
2. VisionPro 软件可以加载的图像格式有＿＿＿＿＿＿＿＿＿＿。

项目 7　软件高级应用

任务 1　在 QuickBuild 中添加脚本

【知识要点】

1）QuickBuild 中的脚本语言使用.net 编程环境，编程语言可以选择 C#和 VB 两种。

2）VisionPro.net 脚本可以帮助用户制定或者扩展 QuickBuild 的功能，主要体现在以下几个方面：

① 可以在其他工具运行结果的基础上，有条件地运行视觉工具。

② 可以对视觉工具的运行结果进行其他计算。

③ 可以创建自定义工具或可重复工具。

3）在 QuickBuild 应用程序中有三个地方可以添加脚本，分别为 ToolGroup、CogJob 和 ToolBlock。

【任务要求】

1）在 QuickBuild 的 ToolGroup 中添加脚本。

2）在 QuickBuild 的 CogJob 中添加脚本。

3）在 QuickBuild 的 Toolblock 中添加脚本。

【任务实施】

（1）在 ToolGroup 中添加脚本　通过在 ToolGroup 中添加脚本，可以控制 ToolGroup 工具组的运行行为。首先，需要选择编程语言，编程语言选定后不能进行更改，除非删除 ToolGroup 工具后重新创建。编程语言选定后工具右下角出现相应图标时，说明此工具包含脚本，且图标指明脚本的编程语言（VB 或者 C#）。

如图 7-1 所示，单击图标①，然后选择"C# Script"，可以观察到工具图标有了"C#"的标记。

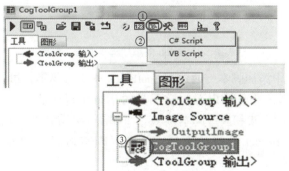

图 7-1　在 ToolGroup 中添加脚本界面

(2) 在 CogJob 中添加脚本　与 ToolGroup 脚本不同的是，Job 脚本提供了 CogJob 对象的访问权，通常可以使用 Job 脚本来更改获取过程。例如，用户可以编写一个 Job 脚本，它可以在每次获得图像时调整曝光、对比度、频闪等获取属性。这里介绍两种添加方法，具体步骤如图 7-2 和图 7-3 所示。单击图 7-2 中的图标①，然后单击"编辑脚本"按钮，最后单击"C#脚本"按钮。或者单击图 7-3 中的图标①，然后单击"C#脚本"按钮。

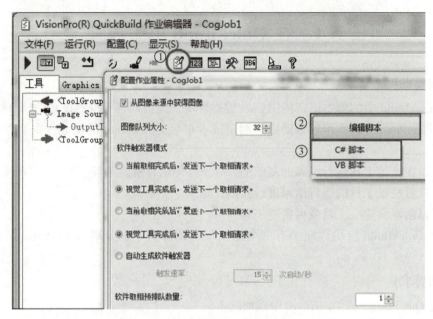

图 7-2　在 CogJob 中添加脚本方法 1 界面

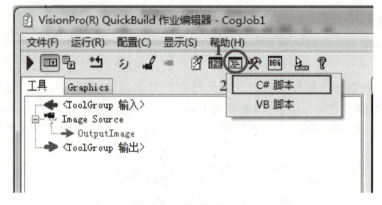

图 7-3　在 CogJob 中添加脚本方法 2 界面

(3) 在 ToolBlock 中添加脚本　通过在 ToolBlock 中添加脚本，可以对其中的视觉工具进行功能制定或功能扩展，并且可以对视觉工具的运行结果进行运算或逻辑判断。在 ToolBlock 中添加高级脚本的方法和高级脚本编辑界面如图 7-4 和图 7-5 所示。单击"工具"图标，然后双击"CogToolBlock"添加工具，单击"脚本编辑"图标，最后选择"C# Advanced Script"选项。

项目7 软件高级应用

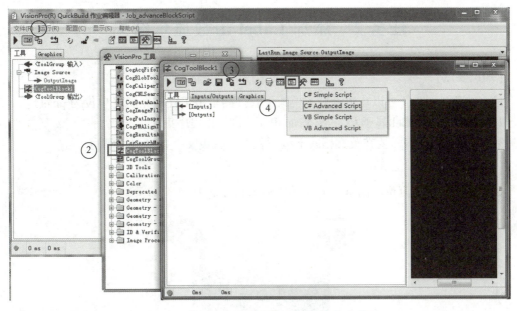

图 7-4 在 ToolBlock 中添加高级脚本方法界面

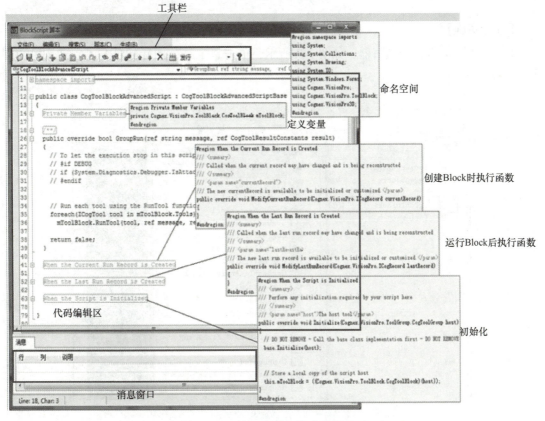

图 7-5 ToolBlock 高级脚本编辑界面

85

任务 2　添加 Label 函数显示结果

【知识要点】

1）CogCaliperTool 可以在边缘对齐模式下直接测量出工件的宽度（单位为 pixel）。

2）CogGraphicLabel 属于 Cognex. VisionPro. Core. dll 程序集。

3）.net 编程语言需要在英文格式下编写程序，且英文字符区分大小写。

【任务要求】

如图 7-6 所示，测量距离 W，并将结果显示在界面上。

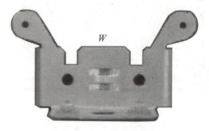

图 7-6　实例工件图片

【任务实施】

1）打开 CogJob 作业编辑器，如图 7-7 所示，单击"工具"图标，双击"CogToolBlock1"工具图标。

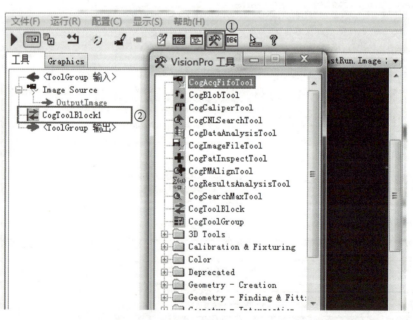

图 7-7　作业编辑器界面

2）如图 7-8 所示，单击"工具"图标，然后依次双击相应工具图标，添加 CogImageFileTool、CogPMAlignTool、CogFixtureTool、CogCaliperTool 工具。

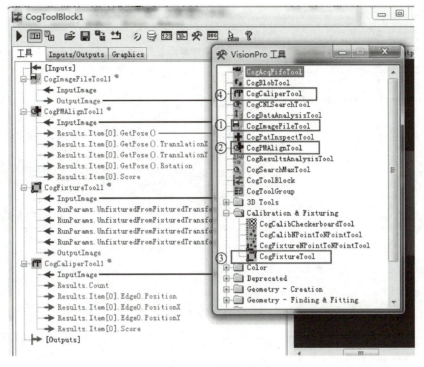

图 7-8　工具添加界面

3）在 CogToolBlock1 中进行程序设计，设置相关工具参数，如图 7-9 所示。双击"Cog-ImageFileTool1"图标，然后在所显示界面中单击 图标，再双击"CogCaliperTool1"图标，按图 7-9 所示选择相关数据。

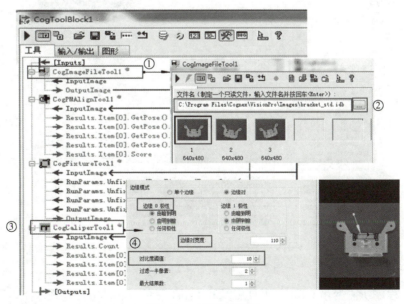

图 7-9　工具参数设置

87

4）创建 C#高级脚本，添加命名空间，如图 7-10 所示。

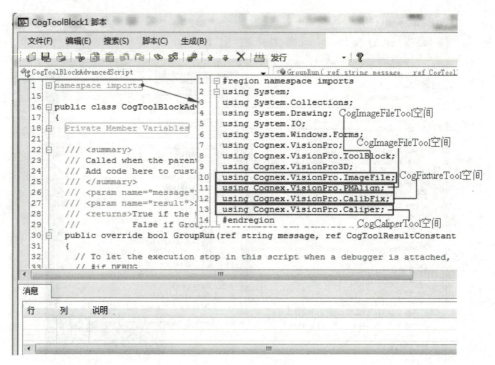

图 7-10　命名空间添加方法

注：若先创建 C#高级脚本，然后在 CogToolblock1 中增加新工具，则需要手动添加命名空间，具体步骤如图 7-11、图 7-12 所示。单击"添加/移除参考程序集"按钮，然后单击左上角的图标，最后单击"浏览"按钮。

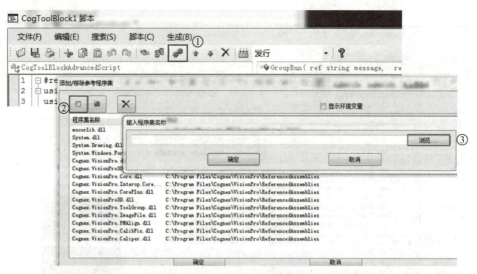

图 7-11　添加/移除参考程序集

5）定义程序所需变量 Caliper 工具变量和 Label 变量，具体方法如图 7-13 所示。

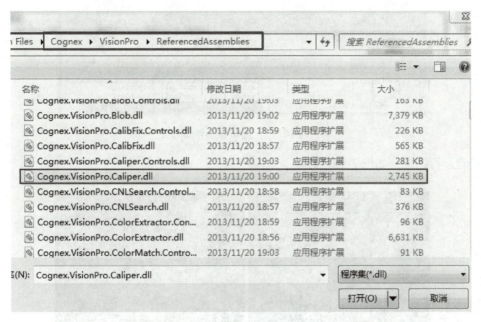

图 7-12 选择引用集

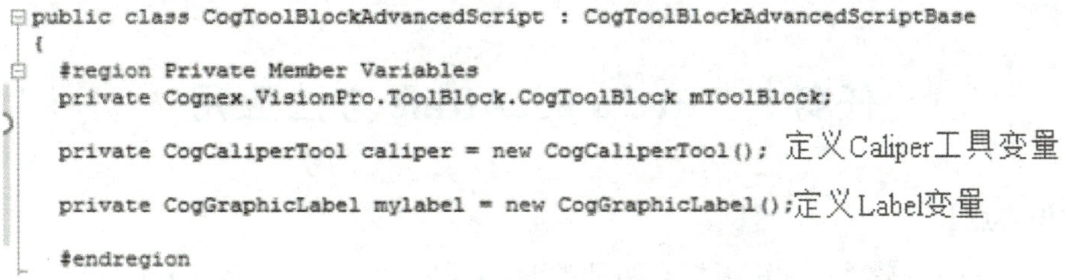

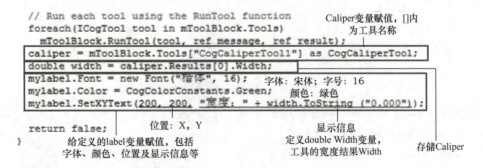

图 7-13 定义变量

6）对定义的变量进行赋值，具体方法如图 7-14 所示。

图 7-14 变量赋值

7）如图 7-15 所示，通过在 ModifyLastRunRecord 方法中调用 AddGraphicToRunRecord 方法，向 LastRunRecord 中添加 graphics（label）。

8）单击编译按钮 ，显示无错误后，关闭脚本编辑界面。单击左上角的运行按钮

图 7-15 选择显示界面

▶,查看运行结果,如图 7-16 所示。

图 7-16 运行结果图

任务3 RectangleAffine 方法应用

【知识要点】

1)在 VisionPro 软件中,矩形框有两种类型:CogRectangle、CogRectangleAffine,如图 7-17 所示。这两种矩形框可调节的自由度不同,前者仅能调节大小,后者既能调节大小又能调节角度。

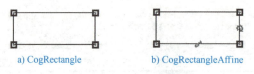

a) CogRectangle　　　　b) CogRectangleAffine

图 7-17 VisionPro 矩形框

2)CogRectangle 和 CogRectangleAffine 都属于 Cognex.VisionPro.Core.dll 程序集。

3)CogBlobTool 可以通过灰度阈值分割和斑点分析,将图像中的斑点提取出来。

【任务要求】

如图 7-18 所示,找出图片中物件中心的两个圆,并用红色矩形框框出。

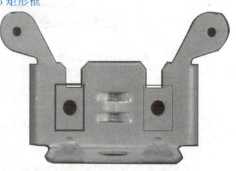

图 7-18 实例工件图片

【任务实施】

1）在 CogToolBlock 中依次添加 CogImageFileTool、CogPMAlignTool、CogFixtureTool、CogBlobTool 工具，设置相应参数，如图 7-19 所示。

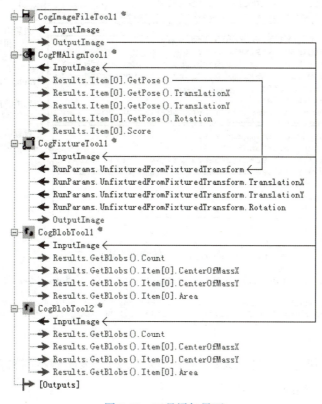

图 7-19　工具添加界面

2）打开脚本编辑器，定义变量 Blob 工具变量、PMAlign 工具变量以及矩形框工具变量，如图 7-20 所示。

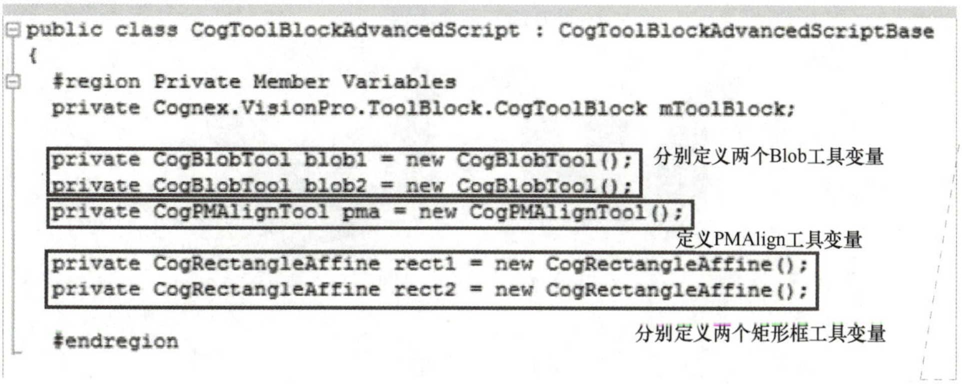

图 7-20　定义变量界面

3）给变量赋值，编辑功能程序，如图 7-21 所示。

4）编写结果显示程序，将结果显示到"CogImageFileTool1. OutputImage"界面上。

```
foreach(ICogTool tool in mToolBlock.Tools)
  mToolBlock.RunTool(tool, ref message, ref result);

blob1 = (CogBlobTool) mToolBlock.Tools["CogBlobTool1"];        给定义的变量赋值
blob2 = (CogBlobTool) mToolBlock.Tools["CogBlobTool2"];
pma = (CogPMAlignTool) mToolBlock.Tools["CogPMAlignTool1"];

rect1.Color = CogColorConstants.Red;     红色                  设置第一个矩形框
rect1.LineWidthInScreenPixels = 2;   线宽为2个像素              相关参数
rect1.CenterX = blob1.Results.GetBlobs()[0].CenterOfMassX;
rect1.CenterY = blob1.Results.GetBlobs()[0].CenterOfMassY;    矩形框显示位置为第一
rect1.SideXLength = 50;   矩形框的长边与短边                    个Blob工具结果的质心坐标
rect1.SideYLength = 70;
rect1.Rotation = pma.Results[0].GetPose().Rotation;           矩形框的角度为PMAlign工
                                                              具运行结果的角度

rect2.LineWidthInScreenPixels = 4;                            设置第二个矩形框
rect2.Color = CogColorConstants.Red;                          相关参数
rect2.CenterX = blob2.Results.GetBlobs()[0].CenterOfMassX;
rect2.CenterY = blob2.Results.GetBlobs()[0].CenterOfMassY;
rect2.SideXLength = 50;
rect2.SideYLength = 70;
rect2.Rotation = pma.Results[0].GetPose().Rotation;

return false;
```

图 7-21 变量赋值界面

```
public override void ModifyLastRunRecord(Cognex.VisionPro.ICogRecord lastRecord)
{
  mToolBlock.AddGraphicToRunRecord(rect1, lastRecord, "CogImageFileTool1.OutputImage", "Script");
  mToolBlock.AddGraphicToRunRecord(rect2, lastRecord, "CogImageFileTool1.OutputImage", "Script");
}
#endregion
```

5）单击编译按钮 ▦ ，显示无错误后（图 7-22），关闭脚本编辑器。单击运行按钮 ▶ ，查看运行结果，如图 7-23 所示。

图 7-22 编译无误

图 7-23 运行结果图

习 题

1. 简述利用 VisionPro 添加脚本的三种方法，并比较高级脚本和普通脚本的区别。
2. 比较面向过程与面向对象程序设计方法的异同点。

项目 8　用户界面开发

任务 1　添加 Cognex 视觉函数库

【知识要点】

1）在 Visual Studio（VS）项目的解决方案资源管理器中添加相应的视觉函数，并在程序中添加对应的命名空间。

2）定义视觉工具变量，将视觉工具的结果赋值给其他变量。

【任务要求】

如图 8-1 所示，将 "CogFindCircleTool1" 的最终结果 "Radius" 赋值给其他变量。

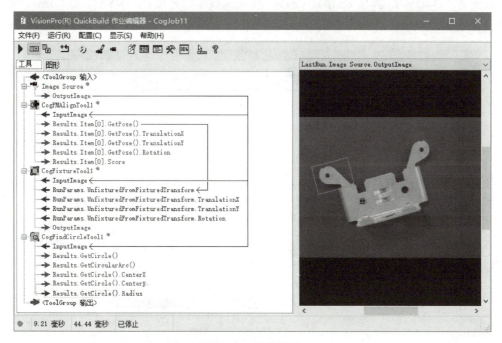

图 8-1　程序界面

【任务实施】

1）打开 VS，单击 "新建项目…"，在弹出的界面上选择 "Visual C#"，选择 "Windows 窗体应用程序"，在下方的 "名称" 输入框中输入 "学习 VS 添加 Cognex 视觉函数库的方法"，"位置" 选择 "D:\练习\"，勾选 "为解决方案创建目录" 复选框，单击 "确定" 按钮，完成项目创建，如图 8-2 所示。

2）将事先写好的视觉处理程序 "QuickBuild1.vpp" 复制到上一步所创建项目的根目录

图 8-2　创建 VS 项目

下，路径是"D:\练习\学习 VS 添加 Cognex 视觉函数库的方法\学习 VS 添加 Cognex 视觉函数库的方法\bin\Debug"，如图 8-3 所示。

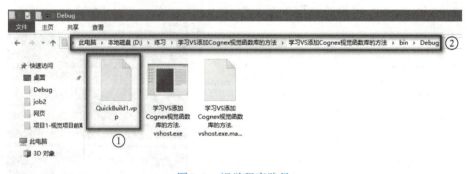

图 8-3　视觉程序路径

3）在 VS 新打开的项目界面上，选中"引用"，然后单击鼠标右键，选择"添加引用（R）"，如图 8-4 所示。

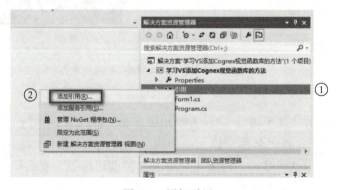

图 8-4　添加引用

4)在弹出的对话框中选择"浏览",然后单击"浏览"按钮,在弹出的对话框中选择 VisionPro 默认安装路径下的"ReferencedAssemblies"文件夹,如图 8-5 所示。

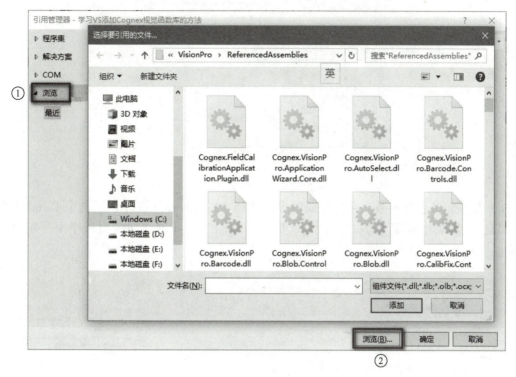

图 8-5 引用的路径

在上述文件夹中选中图 8-6 所示的 dll 文件。然后单击"添加"按钮,即可将引用添加到项目中。

图 8-6 需添加的 dll 文件

5)在"解决方案资源管理器"中选中"Form1.cs",然后单击鼠标右键,在弹出的菜单中选择"查看代码",如图 8-7 所示

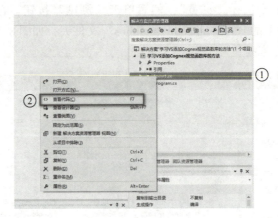

图 8-7 打开源代码

6）加载窗体引导函数。在程序编辑界面选择"Form1.cs（设计）"，选中 Form1 窗体，在"属性"列表中双击"Load"事件即可将 Form1 的 Load 事件加载到程序中，如图 8-8 所示。

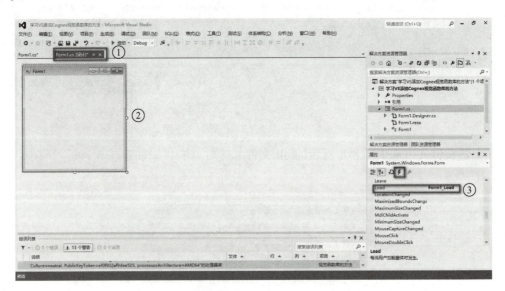

图 8-8 添加 Form1 的 Load 事件

7）在程序编写界面输入以下代码：

using System；
using System. Collections. Generic；
using System. ComponentModel；
using System. Data；
using System. Drawing；
using System. Linq；
using System. Text；
using System. Windows. Forms；
using Cognex. VisionPro；//添加 Cognex 视觉库命名空间

```csharp
using Cognex.VisionPro.Caliper; //添加Cognex视觉库命名空间
using Cognex.VisionPro.QuickBuild; //添加Cognex视觉库命名空间
using Cognex.VisionPro.ToolGroup; //添加Cognex视觉库命名空间

namespace//学习VS添加Cognex视觉函数库的方法
{
    public partial class Form1:Form
    {
        public Form1()
        {
            InitializeComponent();
        }
        CogJobManager mymanager = new CogJobManager(); //定义一个CogJobManager类型的变量
        CogToolGroup mygroup = new CogToolGroup(); //定义一个CogToolGroup类型的变量
        private void Form1_Load(object sender,EventArgse)//Form1加载事件
        {
            mymanager = (CogJobManager)CogSerializer.LoadObjectFromFile(AppDomain.CurrentDomain.BaseDirectory + "/QuickBuild1.vpp");    //加载vpp
            mygroup = (CogToolGroup)mymanager.Job(0).VisionTool;//给变量mygroup赋值,即将vpp中的第一个job赋值给mygroup
            mymanager.Run();    //运行mygroup
            CogFindCircleTool mycircle = (CogFindCircleTool)mygroup.Tools["CogFindCircleTool1"];
            //定义一个CogFindCircleTool变量,并将mygroup中的工具"CogFindCircleTool1"赋值给它
            double radius = (System.Double)mycircle.Results.GetCircle().Radius;//将mycircle的结果Radius赋值给变量radius
        }
    }
}
```

注：有些代码是系统自动生成的，无需手动输入。

完成上述代码的编写，即可完成本次任务。该任务调用了CogFindCircleTool，并将它的结果Radius赋给了其他变量。但是，无法看到最终的Radius值，也看不到图像处理效果，这将在下个任务进行介绍。

任务2 可视化界面设计

【知识要点】

1) 将视觉工具处理后的图像显示在界面上。
2) 学会运用按钮（Button）的Click事件。

【任务要求】

完成图8-9所示界面的设计，并编写代码完成指定的功能。

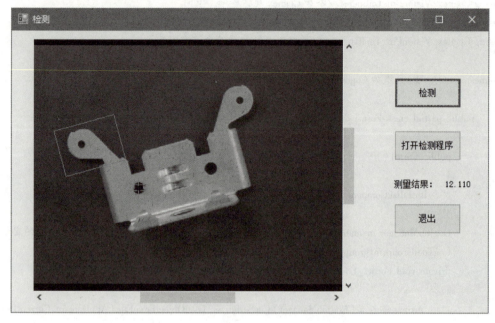

图 8-9 软件界面

【任务实施】

1)打开在任务 1 中创建的 VS 项目,单击界面最左边的"工具箱",在弹出的界面里选择"CogRecordDisplay"控件,将其拖拽到 Form1 上,调整控件和 Form1 的大小,使其比例协调,如图 8-10 所示。

图 8-10 添加 CogRecordDisplay 控件

2)同样,在工具箱的"公共控件"中选择"Button"控件和"Label"控件(3 个"Button"控件、2 个"Label"控件),分别添加到 Form1 上,并将"Button"控件的"Text"属性分别改为"检测""打开检测程序""退出";将其中一个"Lable"控件的"Text"属性值改为"测量结果:",另一个"Lable"控件的"Text"属性值修改为空白,并调整它们的位置，最终结果如图 8-11 所示。

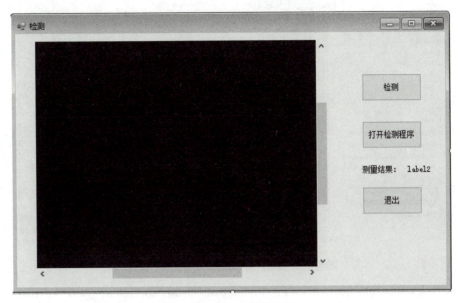

图 8-11　Form1 控件布局

3）选中"解决方案资源管理器"中的项目名称，然后单击鼠标右键，在弹出的菜单中选择"添加（D）"，在弹出的菜单中选择"Windows 窗体（F）"，然后选择"Windows 窗体应用程序"，添加 Form2，如图 8-12 所示。

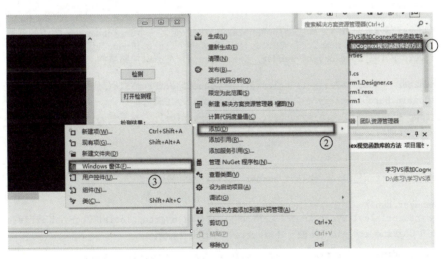

图 8-12　添加 Form2

4）按照上述方法在 Form2 中添加"CogJobManagerEdit"控件，并调整其大小，使其和 Form2 匹配，如图 8-13 所示。

5）在"Form1.cs［设计］"中双击"检测"按钮，即可在源代码编辑界面生成 Button1 的 Click 事件。将源代码中 Form1 的 Load 事件中的以下代码剪切至 Button1 的 Click 事件中。

mymanager.Run（）；　　//运行 mygroup

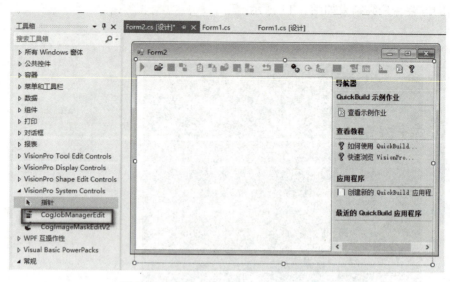

图8-13 添加"CogJobManagerEdit"控件

CogFindCircleTool mycircle = (CogFindCircleTool)mygroup.Tools["CogFindCircleTool1"];
//定义一个CogFindCircleTool变量,并将mygroup中的工具"CogFindCircleTool1"赋值给它
double radius = (System.Double)mycircle.Results.GetCircle().Radius;
//将mycircle的结果Radius赋值给变量radius

```
public Form1()
{
    InitializeComponent();
}
CogJobManager mymanager = new CogJobManager();  //定义一个CogJobManager类型的变量
CogToolGroup mygroup = new CogToolGroup();//定义一个CogToolGroup类型的变量
private void Form1_Load(object sender, EventArgs e)//Form1加载事件
{
    mymanager = (CogJobManager)CogSerializer.LoadObjectFromFile(AppDomain.
CurrentDomain.BaseDirectory + "/QuickBuild1.vpp");//加载vpp
    mygroup = (CogToolGroup)mymanager.Job(0).VisionTool;//给变量mygroup赋值,即将vpp中的
//第一个job赋值给mygroup
}

private void button1_Click(object sender, EventArgs e)
{
    mymanager.Run();       //运行mygroup
    CogFindCircleTool mycircle = (CogFindCircleTool)mygroup.Tools["CogFindCircleTool1"];
//定义一个CogFindCircleTool变量,并将mygroup中的工具实例化
    double radius = (System.Double)mycircle.Results.GetCircle().Radius;
//将mycircle的结果Radius赋值给变量radius
}
```

6) 在Button1的Click事件中接着输入以下代码:

label2.Text = radius.ToString("0.000");//将变量赋值给label的text属性
ICogRecord myrecord = mygroup.CreateLastRunRecord();//定义一个ICogRecord类型的变量
CogRecordDisplay1.Record = myrecord.SubRecords[0];//将一个record赋值给cogRecordDisplay1
CogRecordDisplay1.AutoFit = true;//使图像在CogRecordDisplay1中自动适应

7）按照同样的办法创建 Button2 的 Click 事件，并输入以下代码：

Form2 f2 = new Form2( );//创建一个 Form2 类型的变量,并实例化
f2.Show( );//显示 Form2

8）按照同样的办法创建 Button3 的 Click 事件，并输入以下代码：

System.Environment.Exit(0);//关闭程序

9）在 Form2 的源代码部分添加引用，代码如下：

using Cognex.VisionPro;
using Cognex.VisionPro.QuickBuild;

按照任务 1 中的方法，添加 Form2 的 Load 事件，并在事件中输入以下代码：

CogJobManager mymanager = new CogJobManager( );//创建变量
mymanager = (CogJobManager)CogSerializer.LoadObjectFromFile
(AppDomain.CurrentDomain.BaseDirectory + "/QuickBuild1.vpp");//加载 vpp
cogJobManagerEdit1.Subject = mymanager;//将 mymanager 赋值给 CogJobManagerEdit

10）按下快捷键 F5，即可运行代码，稍等片刻在弹出的软件界面上单击"运行"按钮，显示出检测图像和结果；单击"打开检测程序"按钮即可打开检测程序，并且可以编辑和保存；单击"退出"按钮，程序自动退出。

习　　题

1. 编写程序实现图 8-14 中两个小圆孔之间距离的测量，并将测量结果显示在界面上。
2. 在图 8-14 中实现单击检测按钮时，运行程序，得出测量距离并将结果通过 TCP/IP 方式发送给客户端。

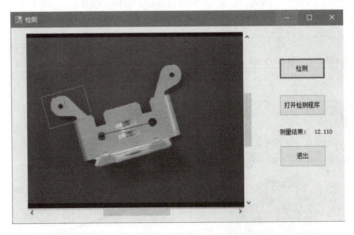

图 8-14　习题图

项目9　手机中板螺钉有无的检测

任务1　搭建图像采集系统获取合适图像

【知识要点】

1）镜头成像原理可描述为式(9-1)，成像原理图如图9-1所示。

$$\frac{像高}{物高} = \frac{像距}{物距} \tag{9-1}$$

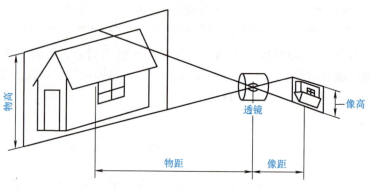

图9-1　镜头成像原理图

2）光的反射定律。光在两种物质分界面上改变传播方向又返回原来物质中的现象，称为光的反射。光的反射定律：反射光线与入射光线与法线在同一平面上；反射光线和入射光线分居法线两侧；反射角等于入射角。可归纳为"三线共面，两线分居，两角相等"。根据物体表面的凹凸程度不同，选择不同角度的入射光线可以照亮物体表面的不同特征，从而拍摄出不同的图像效果，如图9-2所示。

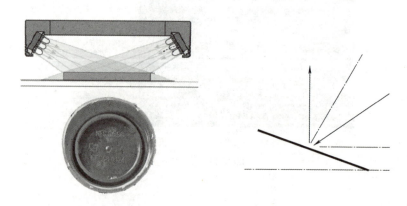

图9-2　光的反射照射光路图

项目9　手机中板螺钉有无的检测

【任务要求】

选择合适的相机、镜头、光源等,搭建一个图像采集系统,使得采集的图像中有螺钉和无螺钉两种状态呈现明显的差别。

【任务实施】

1)有、无螺钉结果剖面图如图9-3所示。

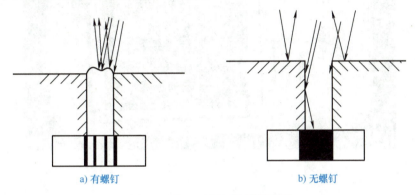

a) 有螺钉　　　　　　　　　　b) 无螺钉

图9-3　有、无螺钉结果剖面图

2)用直尺测量手机的尺寸约为120mm×65mm。视野(FOV)长边估算为135mm,根据实验室支架的架设要求,工作距离小于550mm,选择25mm定焦镜头。选择内径尺寸略大于手机中板尺寸的75°红色环形光源。虽然实验目的仅为检测螺钉的有无,但因螺钉较小,检测目标尺寸不足视野的1/50,为保证目标特征,此处选择分辨率为500万像素的工业相机。架设示意图如图9-4所示,图像采集效果图如图9-5所示。

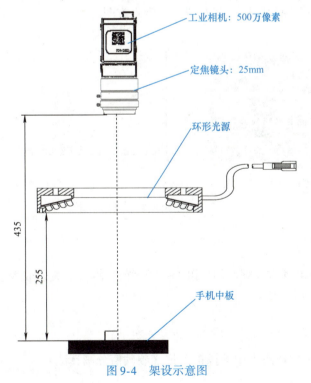

图9-4　架设示意图

103

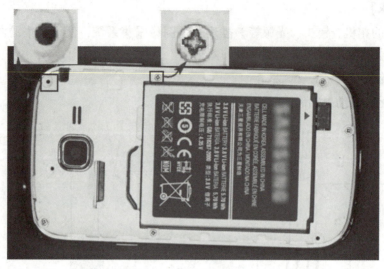

图 9-5　图像采集效果图

任务 2　手机中板螺钉有无的检测案例分析

【知识要点】

1. 灰度直方图

图 9-6 所示为一幅原始图像及其对应的灰度直方图。

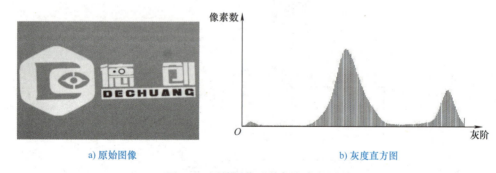

a) 原始图像　　　　　　　　　　　b) 灰度直方图

图 9-6　原始图像及其灰度直方图

2. 灰度阈值分割

图 9-7 所示为灰度阈值分割示例,以 150 为阈值,将灰度大于或等于 150 的部分作为背景,灰度值小于 150 的为对象。

3. 几何特征

(1) 面积（A）　组成斑点中的像素个数（硬阈值分割算法）。

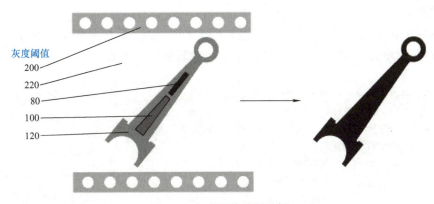

图 9-7　灰度阈值分割示例

（2）周长（*P*）　在计算周长的方法中是指边缘像素的个数。用这种方法计算出来的周长比实际的周长长，因此，康耐视会使用修正因子来修正结果。

（3）质心（Center of Mass）　代表 Blob 的平衡点。质心不一定在 Blob 中，如图 9-8 所示。

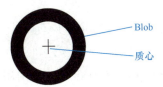

图 9-8　Blob 与质心

质心的计算公式为

$$C_x = \frac{1}{A} \sum_{x,y} xW(x,y)$$

$$C_y = \frac{1}{A} \sum_{x,y} yW(x,y)$$

式中，C_x 为 x 方向的质心位置；C_y 为 y 方向的质心位置；$W(x,y)$ 为权重。

对于非环性，有

$$C = \frac{P^2}{4\pi A}$$

【任务要求】

图 9-9 为螺钉安装位置示意图，检测图中 8 个位置处螺钉是否安装到位。

图 9-9　螺钉安装位置示意图

【任务实施】

1）如图 9-10 所示，打开 VisionPro 软件，新建 CogJob，重新命名为"CogJob-项目 9 手机中板螺钉有无检测"，右击"CogJob"，单击"重新命名"选项。

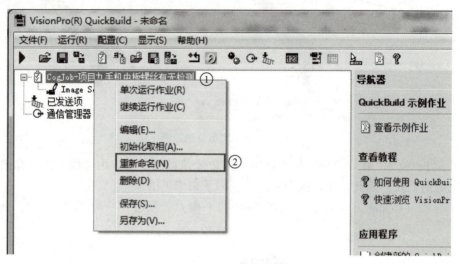

图 9-10　添加 CogJob

2）打开"CogJob -项目 9 手机中板螺钉有无检测"，打开图像数据库，从本地文件加载图片，如图 9-11 所示。添加 8 个 CogBlobTool 工具，分别用于 8 个位置的检测。本例中工具顺序和位置序号依次对应，如图 9-12 所示。

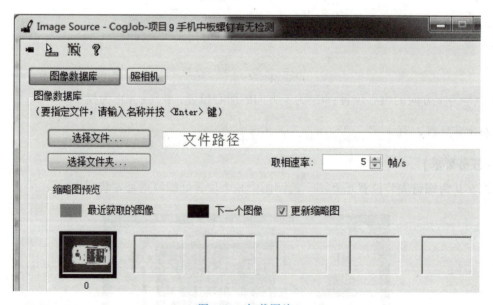

图 9-11　加载图片

3）打开 CogBlobTool1，进行分段模式、极性、阈值、区域等参数的设置，实现位置 1 螺钉有无的检测。在本例中螺钉安装无误时，分割斑点的形状类似"十"字形；螺钉未安装时，分割斑点的形状接近圆形。因此，可以根据分割结果中斑点"非环性"参数值的大

项目9　手机中板螺钉有无的检测

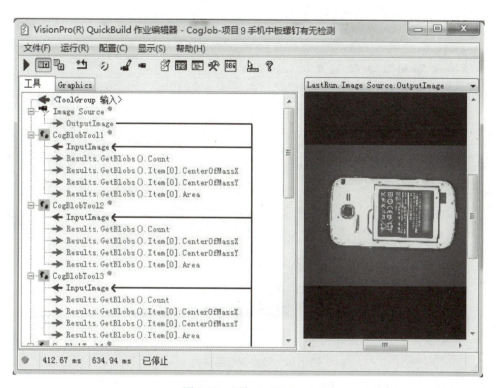

图 9-12　添加 CogBlobTool

小判断螺钉的安装是否无误。若安装无误，则该值结果大于 1.5；若没有安装，则该值结果小于 1.1。选择区域形状如图 9-13 所示。

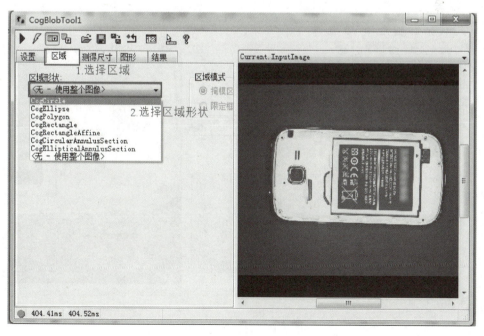

图 9-13　选择区域形状

4）下一步选择圆形，合理设置圆形区域的大小，如图9-14所示。

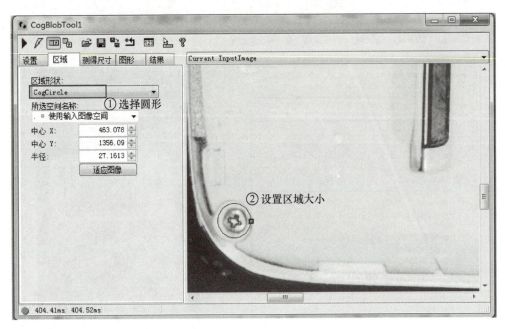

图9-14 设置圆形区域大小

其中，"模式"选项选择"硬阈值（固定）"，"极性"选项选择"白底黑点"，然后调整阈值，该值可以根据实际情况进行调整。"清除"选择填充，根据实际结果调整最小面积，如图9-15所示。

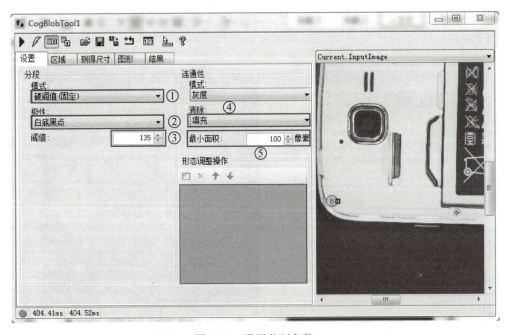

图9-15 设置分割参数

选择结果如图9-16所示，可以查看对应的BlobImage。

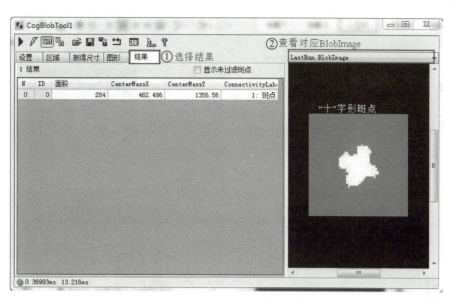

图 9-16 查看结果

5）默认结果中并没有"非环性"属性的结果，因此，需要在"测得尺寸"界面手动添加该属性。在"测得尺寸"尺寸界面可以新增"周长""延长""角度"等常用属性，并可以通过设置上、下限对斑点结果进行筛选。单击"新增"按钮，选择合适量。

注：单击"运行时"按钮，可以设置对"面积"等属性的范围限制，如图 9-17 所示。

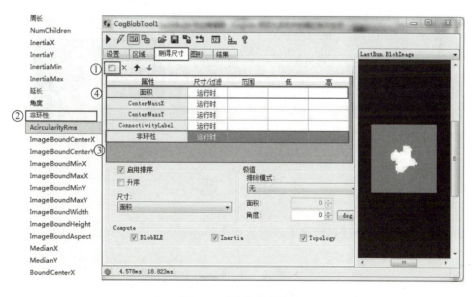

图 9-17 测得尺寸设置

单击"结果"选项，查看"非环性"数值，如图 9-18 所示。

6）同理，可设置其他 CogBlobTool 工具对其他位置进行检测，位置 8 的设置如图 9-19 所示，查看测量结果如图 9-20 所示。

图 9-18　查看结果

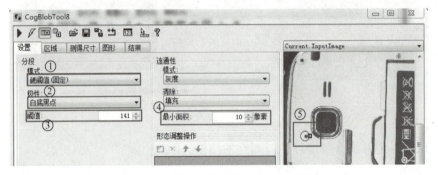

图 9-19　位置 8 分割参数和区域设置

图 9-20　查看测量结果

习　　题

1. 如图 9-21 所示，经过对应像素映射后得出的分割图像是图 9-22 中的（　　）。

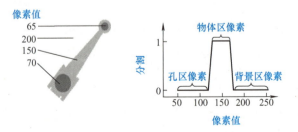

图 9-21　习题 1 图（一）

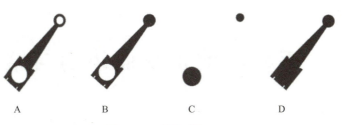

图9-22　习题1图（二）

2. 如图9-23所示，若用Blob分割图像，下列（　　）分割方法可以得到对应结果。

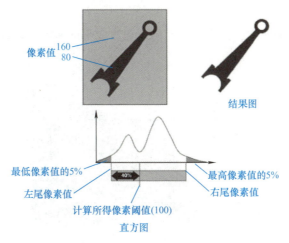

图9-23　习题2图

A. 固定硬阈值，白底黑点，Threshold = 100
B. 固定软阈值，黑底白点，Threshold = 100
C. 相对硬阈值，白底黑点，Threshold = 40%
D. 相对硬阈值，黑底白点，Threshold = 50%

3. 写出CogBlobTool中面积、质心、周长的计算方法。

4. 图9-24所示为同一目标在不同光照亮度下的取相结果，试利用VisionPro软件对该目标进行分割，以适应不同亮度的变化。

图9-24　习题4图

项目 10　手机电池正反面识别与结果显示

任务 1　手机电池正反面识别

【知识要点】

1）边缘。在数字图像中,边缘可以通俗地表述成不同像素区域间界限的轮廓线,如图 10-1 所示。

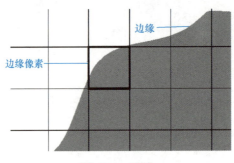

图 10-1　边缘

利用灰度剖面构建边缘模型是一种常用的边缘模型构建方法,如图 10-2 所示。常用梯度幅值和梯度方向来刻画边缘特征的大小和方向。

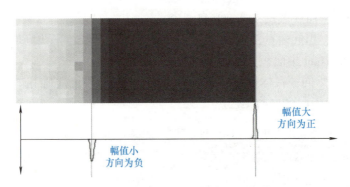

图 10-2　利用灰度剖面构建边缘模型

2）CogPMAlignTool 是一种基于图像边缘特征进行匹配和定位的查找工具,而非基于图像像素值特征进行查找的工具,该工具支持图像的旋转和缩放。

3）CogPMAlignTool 的基本操作步骤:输入图像,抓取训练图像,设置训练区域与原点,设置训练参数、训练模板、运行参数,运行并查看结果。

4）模板选取原则如下:

① 选择一个不易改变的特征作为模板。

◇ 减少不需要的特征及图像噪声。
◇ 只训练重要的特征。
◇ 创建模板时应考虑掩模。
② 大尺寸的模板可保证更好的精度。
◇ 边缘特征点越多,匹配精度越高。
◇ 利用掩模器可以去除非关键特征及噪声的干扰。

【任务要求】

如图 10-3 所示,选择合理的特征,区分手机电池的正反面。

a) 正面　　　　　　　　　　b) 反面

图 10-3　电池正反面

【任务实施】

(1) 正面识别　打开 VisionPro 加载图像,利用 CogPMAlignTool 选择合适的模板识别电池正反面。本例中正面选择二维码作为识别特征,反面选择电池标签图案作为识别特征。具体步骤如下:

1) 新建 CogJob1,加载图像,如图 10-4 所示。

2) 双击添加两个 CogPMAlignTool,单击鼠标右键,重新命名,如图 10-5 所示。

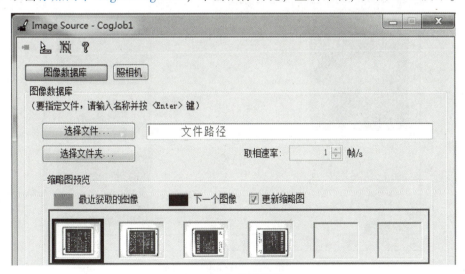

图 10-4　加载图像界面

图 10-5　程序设计界面

3）双击打开"CogPMAlignTool – 正面"工具，设置训练区域和原点，如图 10-6 所示。在图 10-7 中选择"Current. InputImage"，单击抓取训练图像。

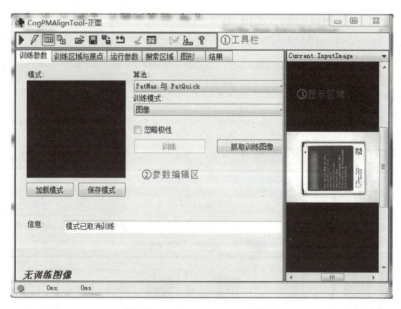

图 10-6　CogPMAlignTool 界面

项目10　手机电池正反面识别与结果显示

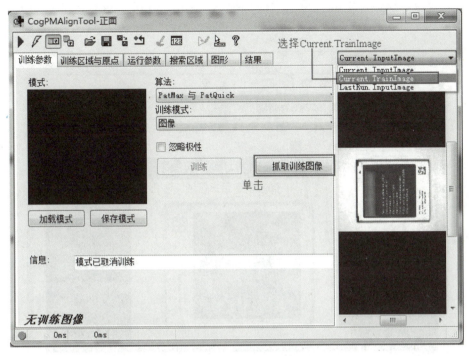

图 10-7　抓取训练图像

在图 10-8 中选择需要的特征，将训练区域框移动到相应位置，然后单击"中心原点"按钮。

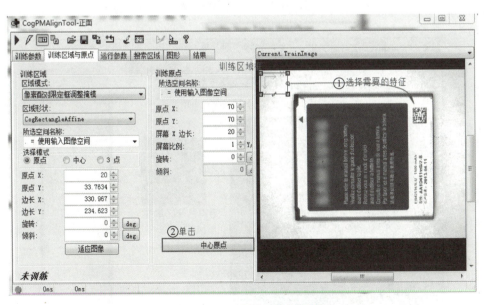

图 10-8　设置训练区域与原点

4）如图 10-9 所示，单击 图标，打开掩模编辑器，设置掩模区域，进行掩模。在"工具"下拉菜单中选择"矩形选择"，最后将矩形移动到目标区域。在图 10-10 中，颜色

115

选择红色,设置区域框,单击"填充当前选项",单击"应用"按钮,最后单击"确定"按钮。

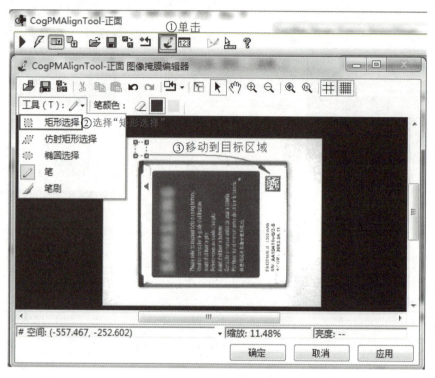

图 10-9　打开掩模编辑器

图 10-10　设置掩模区域

5）单击"训练"按钮，左边框内为训练模板，左下角亮绿灯表示已训练，如图 10-11 所示。

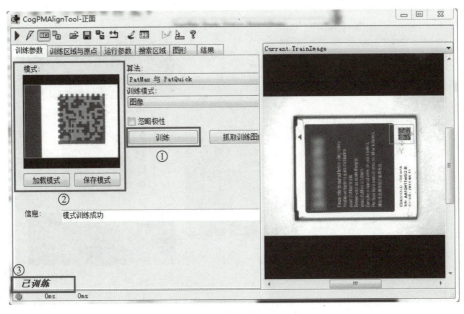

图 10-11　训练模板

6）如图 10-12 所示，单击运行按钮 ▶，然后单击"结果"按钮。选择"LastRun. Input Image"查看运行结果。"分数"栏显示相似度为 99.1%（0.991），"X"栏、"Y"栏表示在输入图像坐标系中的位置，"角度"栏表示当前图片与模板之间的角度偏差。

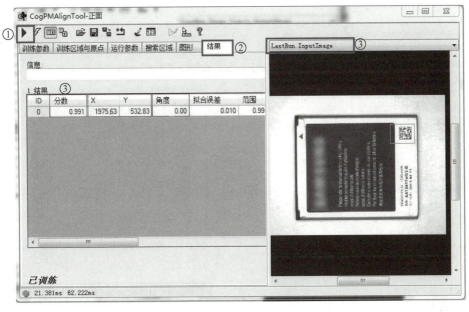

图 10-12　查看运行结果

7)输入反面图像,因为反面图像不含正面模板图案,所以将不被识别。图 10-13 中显示框内为结果丢弃原因。

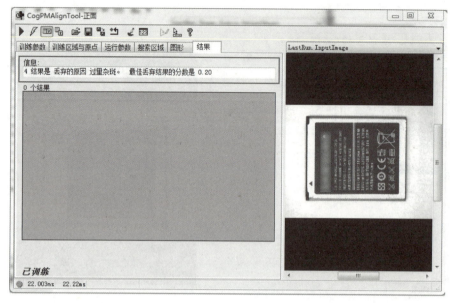

图 10-13　排除反面图像

至此,利用 CogPMAlignTool 训练二维码的轮廓特征作为识别特征,实现了电池正面的识别。

(2)反面识别　电池反面的识别方法与上述方法相同,关键步骤如下:

1)利用掩模器排除电池上的字符特征,如图 10-14 所示,选择关键特征训练模板,查看训练特征。

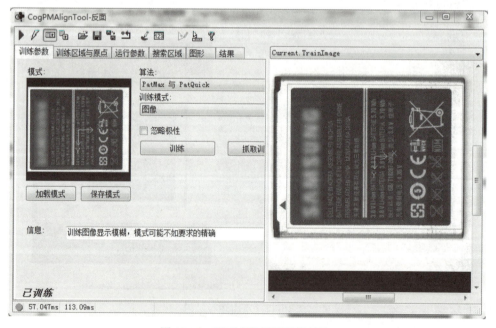

图 10-14　反面产品训练特征选取

首先选择"图形"选项，然后勾选"显示粗糙""显示精细"复选框。右边显示界面中，黄色颗粒表示"粗糙"特征，绿色颗粒表示"精细"特征，如图10-15所示。**注意：训练特征的多少、颗粒的大小等会影响匹配的准确性。**

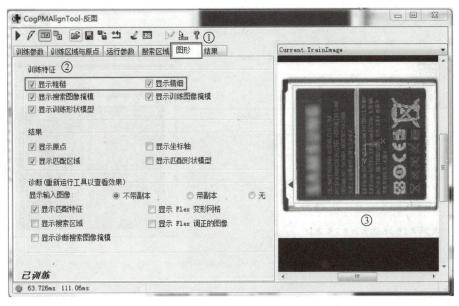

图10-15　查看训练特征

2）如图10-16所示，依次单击 按钮、 按钮，修改上下限，实现产品旋转180°仍能准确识别与定位。

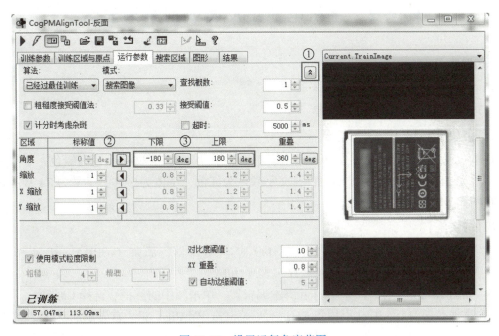

图10-16　设置运行角度范围

3）单击"训练"按钮，显示图 10-17 所示训练模板，单击单次运行按钮▶，查看运行结果及匹配特征。其中，角度"-179.57"表示当前输入图片与训练模板存在-179.57°的角度偏差。匹配特征：绿色表示匹配良好，黄色表示匹配一般，红色表示匹配较差。

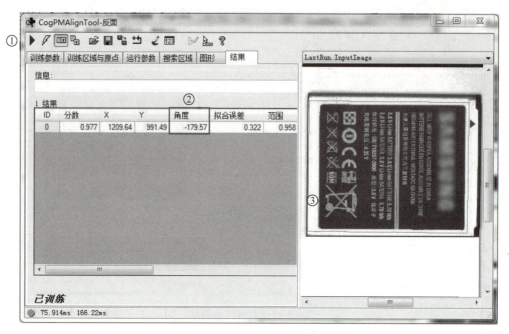

图 10-17　查看运行结果及匹配特征

任务 2　手机电池正反面识别结果显示

【知识要点】

1）在处理后的图像上添加文字。
2）运用 CogPMAlignTool 引用集。

【任务要求】

将电池正反面结果显示在图像界面上。正面显示"正面"，文字颜色为绿色，字体为楷体，字号为 24 号；反面显示"反面"，文字颜色为红色，字体为楷体，字号为 24 号；显示位置在图像坐标系（350,300）。

【任务实施】

在完成任务 1 的基础上，打开 CogJob 脚本编辑器，添加 CogPMAlignTool 引用集 Cognex. VisionPro. PMAlign. dll，编辑程序，实现功能。

1）如图 10-18 所示，打开 CogJob 脚本编辑器，单击图中的红框，选择 C#脚本。
2）添加 CogPMAlignTool 引用集 Cognex. VisionPro. PMAlign. dll。首先添加/移除参考程序集，单击"新增"按钮，单击"浏览"按钮，选择所需程序集，最后单击"确定"按钮，如图 10-19 所示。

项目10 手机电池正反面识别与结果显示

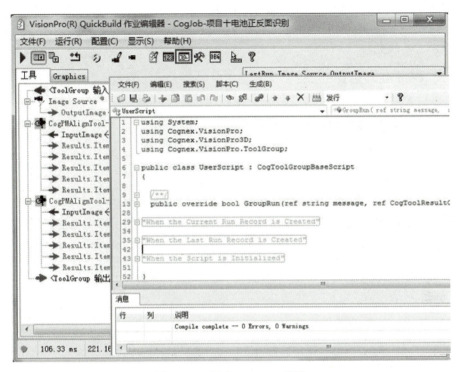

图 10-18 新建 CogJob C#脚本

图 10-19 添加 PMAlign.dll 程序集

3）引用空间，定义变量，完成关键程序的编写。

在程序开始手动添加语句：usingCognex.VisionPro.PMAlian，如下所示：

```
using System;
using System.Drawing ;
using Cognex.VisionPro;
using Cognex.VisionPro3D;
using Cognex.VisionPro.ToolGroup;
using Cognex.VisionPro.PMAlign;
```

定义对象 pma1、pma2 和 mylabel 如下：

```
private CogPMAlignTool pma1 = new CogPMAlignTool();
private CogPMAlignTool pma2 = new CogPMAlignTool();
private CogGraphicLabel mylabel = new CogGraphicLabel();
```

在 for 循序中添加如下语句，其中变量 num1 和 num2 分别用于标识电池正反面。

```
for (Int32 toolIdx = 0; toolIdx < toolGroup.Tools.Count; toolIdx++)
  toolGroup.RunTool(toolGroup.Tools[toolIdx], ref message, ref result);
pma1 = (CogPMAlignTool)toolGroup.Tools["CogPMAlignTool-正面"];
pma2 = (CogPMAlignTool)toolGroup.Tools["CogPMAlignTool-反面"];
int num1 = 0;
int num2 = 0;
num1 = pma1.Results.Count;
num2 = pma2.Results.Count;
mylabel.Font =new Font("楷体",24);//字体，字号
if (num1 == 1)
{
  mylabel.Color = CogColorConstants.Green;
  mylabel.SetXYText(350,300,"正面");
}
else if(num2 == 1)
{
  mylabel.Color = CogColorConstants.Red;
  mylabel.SetXYText(350, 300, "反面");
}
else
{
  mylabel.Color = CogColorConstants.Blue;
  mylabel.SetXYText(350, 300, "视觉程序有误！");
}
// Returning False indicates we ran the tools in script, and they should
   not be
// run by VisionPro
return false;
```

在 ModifyLastrunRecord 函数中添加结果显示语句。

```
#region "When the Last Run Record is Created"
  // Allows you to add or modify the contents of the last run record when it is
  // created.  For example, you might add custom graphics to the run record here.
  public override void ModifyLastRunRecord(Cognex.VisionPro.ICogRecord lastRecord)
  {
    toolGroup.AddGraphicToRunRecord(mylabel,lastRecord,"Image Source.OutputImage",
    "Script");
  }
#endregion
```

4）单击编译按钮 ▨，编译无误后，关闭脚本编辑器，运行 CogJob1，查看运行结果，如图 10-20 所示。

项目10　手机电池正反面识别与结果显示

图 10-20　运行结果图

习　　题

1. PatMax 算法的训练图像中，绿色的线条表示_____特征，黄色的线条表示_____特征。

2. CogPMAlignTool 是基于_____模板而不是基于像素灰度值的模板匹配工具，支持图像的_____与_____。

3. 简述 CogPMAlignTool 建立模板的一般原则。

4. 通过哪些办法可以提高 CogPMAlignTool 的运行速度？

5. 利用 PatMax 工具判断圆柱体的正反，计算每张图片中圆柱体的个数，并显示在图像界面上，效果如图 10-21 所示。

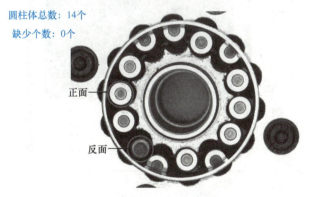

图 10-21　习题 5 图

项目 11　手机电池尺寸测量

任务 1　手机电池像素尺寸测量

【知识要点】

1）测量产品尺寸时，图像采集系统在理想状态下采用背光打光方式，要求精确采集到黑白分明的产品轮廓，光源架设图见图 2-16。

2）利用 Caliper 工具进行产品尺寸测量时，影响测量精度的因素有相机分辨率、视野大小、图像效果、视觉工具的精度等。

【任务要求】

如图 11-1 所示，掌握利用 Caliper 工具测量边缘对宽度的方法，测量手机电池像素尺寸：高度（H）和宽度（W）。

图 11-1　手机电池

【任务实施】

1）如图 11-2 所示，打开 VisionPro 工具，新建 CogJob，重命名为"CogJob-项目 11 手机电池尺寸测量"，然后添加两个 CogCaliperTool。

2）双击"Image Source"，加载图像，如图 11-3 所示。

项目11　手机电池尺寸测量

图 11-2　添加 CogCaliperTool

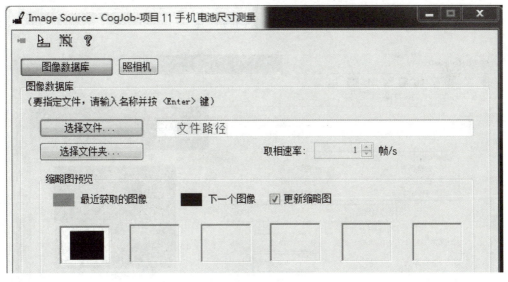

图 11-3　加载图像界面

3）右键单击"CogCaliperTool1"选择"重新命名",将"CogCaliperTool1"改成"CogCaliperTool – W"。同理,将"CogCaliperTool2"重新命名为"CogCaliperTool – H",如图 11-4 所示。

4）双击打开"CogCaliperTool – W"工具,设置边缘对模式、扫描区域、极性、边缘对宽度、对比度阈值等参数,如图 11-5 所示。

其中扫描区域框各部分说明如图 11-6 所示。

125

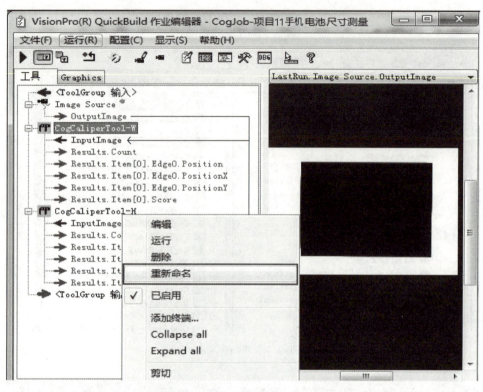

图 11-4　工具重新命名

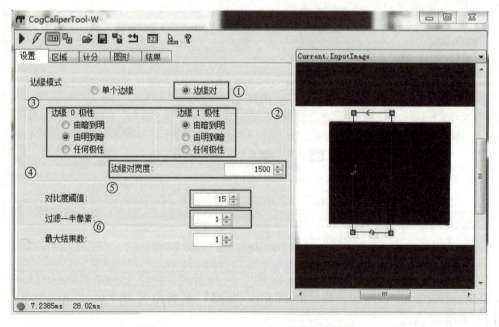

图 11-5　CogCaliperTool–W 参数设置界面

注意：①查找到的边缘应与投射方向平行；②沿着扫描方向，确定边缘两侧极性的变化。

项目11 手机电池尺寸测量

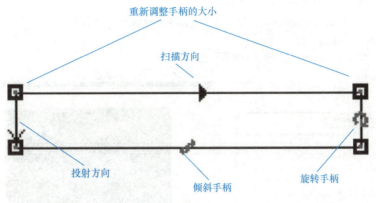

图 11-6 扫描区域框各部分说明

5）单击单次运行按钮 ▶，查看运行结果，如图 11-7 所示。

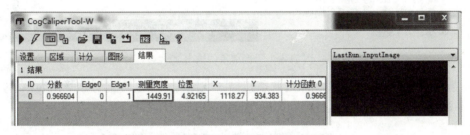

图 11-7 Caliper 运行结果

至此，已经得到手机电池的像素宽度为 1449.91pixel。通过添加终端操作，将该结果添加到工具栏，如图 11-8 所示，首先选择"Width"，然后单击"添加输出"按钮。

图 11-8 Caliper 运行结果终端添加

运行结果的输出显示如图 11-9 所示。

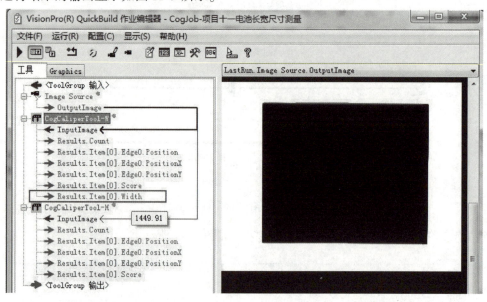

图 11-9 运行结果的输出显示

6）与宽度的测量方法类似，通过调整扫描区域框的大小、方向、边缘对宽度、对比度阈值等参数（见图 11-10），运行得到高度测量结果，如图 11-11 所示。

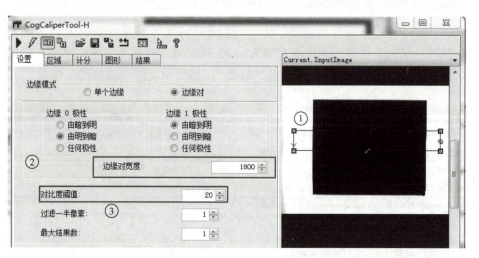

图 11-10 高度 H 测量参数设置

图 11-11 高度 H 测量结果

至此，已经完成了手机电池像素尺寸的测量，宽度 W 为 1449.91pixel，高度 H 为 1753.05pixel。

任务 2　手机电池实际尺寸测量

【知识要点】

1) 校正板。常见校正板分为棋盘格与点网格两种类型，如图 11-12 所示。

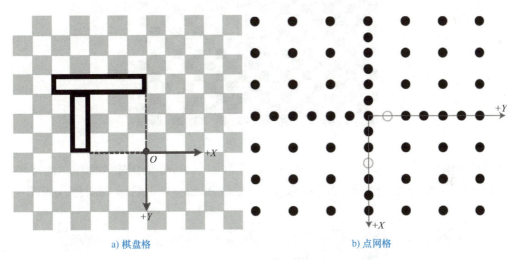

a) 棋盘格　　　　　　　　　　　　b) 点网格

图 11-12　棋盘格与点网格

校正板的特点如下：

① 黑白瓷块必须以交叉图案方式排列。

② 黑白瓷块必须具有同样的尺寸。

③ 瓷块必须为矩形，其纵横比范围是 0.90~1.10。

对所采集的校正板图像的要求为：

① 所采集的图像必须包括至少 9 个完整瓷块。

② 所采集图像中的瓷块必须至少为 15×15 像素。

③ 增加校正板图像中可见瓷块的数量（通过减小校正板上瓷块的尺寸）可提高校正精确度。

2) CogCalibCheckerboardTool 的基本作用为：

① 计算像素和真实单位（mm）之间的转换。

② 可以计算线性或者非线性转换（非线性转换说明存在光学或者透视扭曲）。

【任务要求】

利用校正工具进行图像空间到实际测量空间的校正，完成测量结果从像素单位到毫米（mm）单位的转换。

【任务实施】

1) 将该图像采集系统中的手机电池移除，并在该位置放置校正板（透明玻璃或菲林片材质），调整光源亮度和曝光参数等，采集一张清晰的图片，保存到计算机中。

注意：此过程中应保证相机高度、镜头配置等与之前采集手机电池图片时一样，以保证两次图像采集的视野完全相同，相机与取相平面的相对位置完全相同。

本例中采用 3mm×3mm 带基准点的校正板，采集的图像如图 11-13 所示。

图 11-13　校正板图像

2）依次添加 CogCalibCheckerboardTool、CogCaliperTool，并依次输入图像，此处将 Cog-CalibCheckerboardTool 输出图像 OutputImage 传入 CogCaliperTool 的输入图像，如图 11-14 所示。

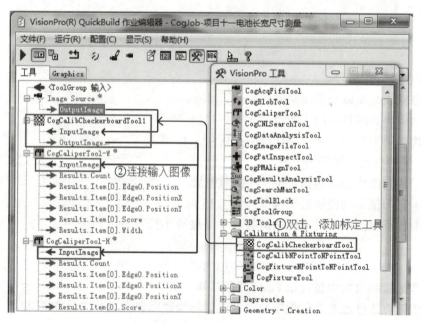

图 11-14　添加 CogCalibCheckerboardTool

3）双击打开 CogCalibCheckerboardTool1，进行相关参数设置（该过程可能会耗时较长）。如图 11-15 所示，首先单击"抓取校正图像"按钮，选择"Current. CalibrationImage"，并选取合适的校正模式，设置校正板尺寸，选择棋盘格并勾选"基准符合"复选框，最后单击"计算校正"按钮。

4）查看标定结果。如图 11-16 所示，首先单击运行按钮▶，然后选择"转换结果"选项，接着选择"LastRun. OutputImage"，最后查看纵横比、倾斜、RMS 误差。RMS 误差值的大

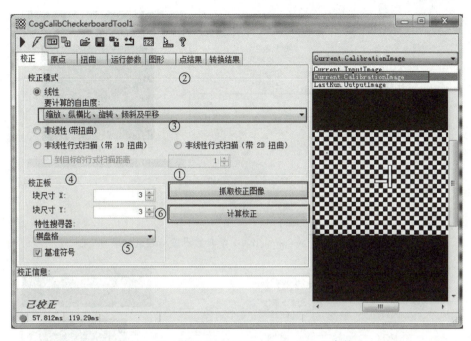

图 11-15 设置 CogCalibCheckerboardTool 参数

小表征校正精度，当该值大于 6 时，表示此次的校正结果将存在较大误差，需要重新进行校正。

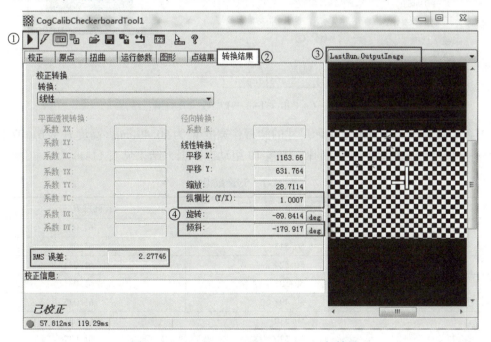

图 11-16 CogCalibCheckerboardTool 运行结果

5）如图 11-17、图 11-18 所示，分别设置 CogCaliperTool – W、CogCaliperTool – H 的扫描区域及相关运行参数并运行，最后获取测量结果。

同样设置扫描区域，再设置合适的边缘对宽度，最后选择显示结果如图 1-17 和图 1-18 所示。

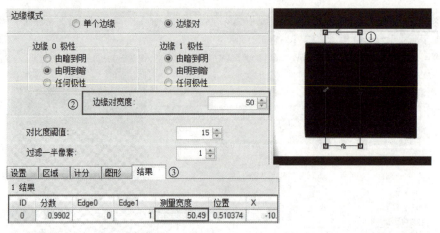

图 11-17　CogCaliperTool–W 参数设置与测量结果

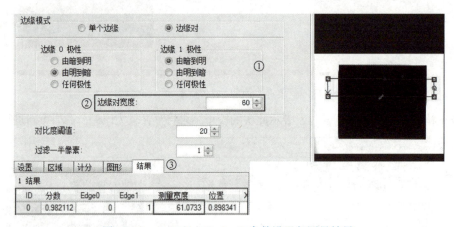

图 11-18　CogCaliperTool–H 参数设置与测量结果

至此，便完成了手机电池实际尺寸的测量，宽度 W 为 50.49mm，高度 H 为 61.0733mm。对同一手机电池分别采集 10 张图片，测量 10 组动态数据，结果见表 11-1。

表 11-1　测量数据表

序号	宽度 W/mm	高度 H/mm
1	50.503	61.030
2	50.513	61.039
3	50.524	61.034
4	50.503	61.031
5	50.498	61.025
6	50.510	61.031
7	50.510	61.037
8	50.502	61.030
9	50.512	61.032
10	50.507	61.029
最大值	50.524	61.039
最小值	50.498	61.025

这 10 组数据中最大值和最小值的差值分别为 0.026mm 和 0.014mm，满足测量结果精度小于 0.1mm 的要求。

习　　题

1. CogCaliperTool 的边缘模式有_____和_____。

2. CogCaliperTool 中 → 代表卡尺的_____方向，↓ 代表卡尺的_____方向。在抓边过程中，_____方向要与查找的边缘平行。

3. 简述影响测量精度的因素。

4. 画出图 11-19 所示两种棋盘格校正之后的坐标系（原点，X，Y）。

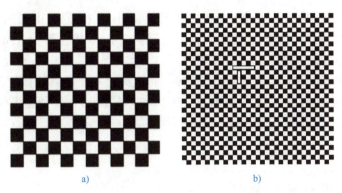

图 11-19　习题 4 图

5. 如图 11-20 所示，描述双目测距的典型过程。

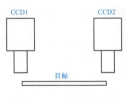

图 11-20　习题 5 图

项目 12　手机电池二维码和生产日期识别

任务 1　手机电池二维码识别

【知识要点】

1. Data Matrix 码和 QR 码。

Data Matrix 码和 QR 码是两种常见的二维码。Data Matrix 码是由美国 ID Matrix 公司于 1987 年开发的一种矩阵式二维码，如图 12-1 所示，在 1996 年注册为 AIMI 的 ISS 标准，在 2000 年注册为 ISO/IEC 标准，主要应用于汽车、医疗、航空、微电子等行业。QR 码（快速响应码）是由日本 DENSO WAVE 公司于 1994 年开发的一种可高速读取的矩阵式二维码，如图 12-2 所示，在 1997 年注册为 AIMI 的 ITS 标准，在 2000 年注册为 ISO/IEC 标准，主要应用于物流、支付、包装等行业。

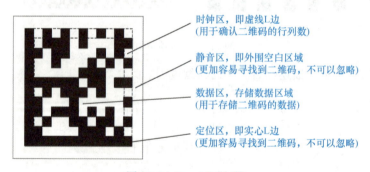

图 12-1　Data Matrix 码

图 12-2　QR 码

2. CogIDTool

CogIDTool 可查找并解码一维和二维符号。它可识别 15 种不同的代码系统，包括 Code 39、Code 128、UPC/EAN 及 Data Matrix。图 12-3 所示为一些常见一维码。

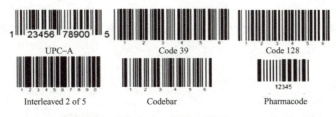

图 12-3　常见一维码

【任务要求】

读取图 12-4 中二维码的内容，并将结果显示在界面上。

图 12-4　手机电池

【任务实施】

1）打开 VisionPro 工具，如图 12-5 所示，新建 CogJob，重命名为 "CogJob -项目 12 手机电池二维码和生产日期识别"，然后添加 CogIDTool。

图 12-5　添加 CogIDTool

2）双击打开 CogIDTool1，如图 12-6 所示，选择识别码类型及其他参数。在 CogIDTool 中，若待识别码为二维码，则只能选择一种类型；若待识别码为一维码，则可以同时选择多种类型的码，即可以识别多种类型的码。首先在"Processing"中选择"IDmax"或"IDQuick"，然后在"Symbologies"中勾选"Data Matrix"作为待识别码类型，最后单击"Train"按钮。

注意：通常此处不训练，若只识别一种类型的码，则可以进行训练，训练后运行可以提高解码速度。

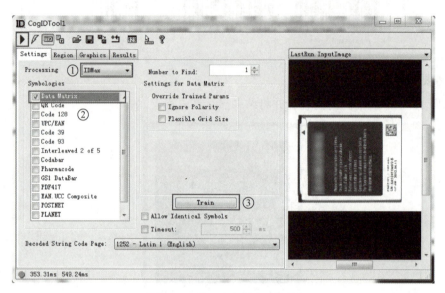

图 12-6　设置 CogIDTool 参数

3）查看运行结果，如图 12-7 所示。

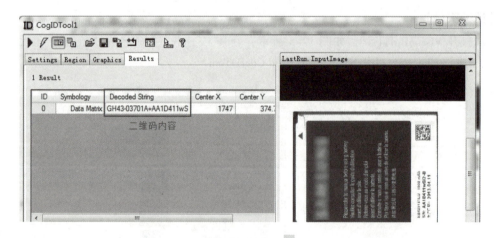

图 12-7　查看 CogIDTool 运行结果

4）编写脚本，将结果显示在图 12-8 所示的界面上。以下是关键程序及程序运行结果：

项目12 手机电池二维码和生产日期识别

```
using System;
using Cognex.VisionPro;
using Cognex.VisionPro3D;
using Cognex.VisionPro.ToolGroup;
using Cognex.VisionPro.ID ;    //命名空间

private CogIDTool myid = new CogIDTool();
private CogGraphicLabel mylabel = new CogGraphicLabel();//定义变量

for (Int32 toolIdx = 0; toolIdx < toolGroup.Tools.Count; toolIdx++)
   toolGroup.RunTool(toolGroup.Tools[toolIdx], ref message, ref result);
myid = (CogIDTool)toolGroup.Tools["CogIDTool1"];
double x,y;
x = myid.Results[0].CenterX;
y = myid.Results[0].CenterY;
string str_id = string.Empty;
str_id = myid.Results[0].DecodedData.DecodedString;
mylabel.Font = new System.Drawing.Font("Time News Roman",14);
mylabel.Color = CogColorConstants.Green;
mylabel.SetXYText(x+10,y-100,str_id);
// Returning False indicates we ran the tools in script, and they should not be
// run by VisionPro
return false;//主要程序

toolGroup.AddGraphicToRunRecord(mylabel,lastRecord,"Image Source.OutputImage","script");
//显示程序
```

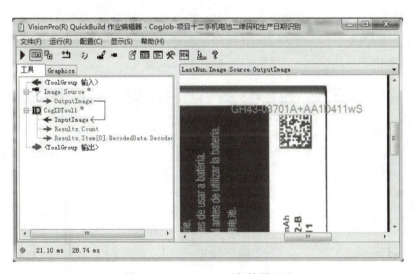

图 12-8 CogIDTool 运行结果显示

任务 2 手机电池生产日期识别

【知识要点】

1) OCR。光学字符识别（Optical Character Recognition，OCR），即通过电子设备识别印刷在纸质文档上的字符，包括数字、英文字母和符号等。目前，一般字符识别系统包含图像处理、倾斜校正、版面分析、字符切割、字符识别、版面恢复、后处理与校正等步骤。

2）CogOCRMaxTool 提供字符识别图形用户界面，此工具可读取 8 位灰度图像中的单个字符串。

【任务要求】

识别生产日期内容。待识别手机电池如图 12-9 所示。

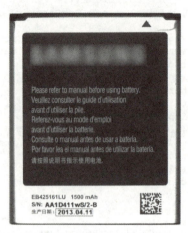

图 12-9　待识别手机电池

【任务实施】

1）打开 VisionPro 工具，如图 12-10 所示，新建 CogJob，重命名为"CogJob - 项目 12 手机电池二维码和生产日期识别"，然后添加 CogOCRMaxTool。

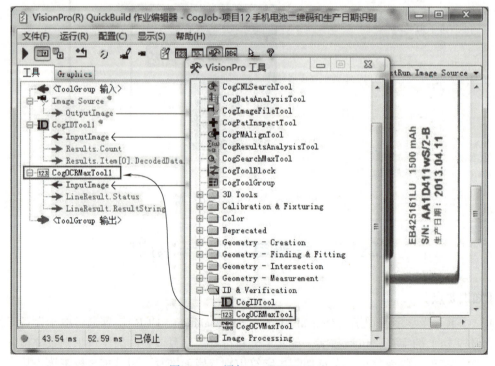

图 12-10　添加 CogOCRMaxTool

2）打开 CogOCRMaxTool1，如图 12-11 所示，设置区域，单击"提取字符"按钮，查看自动分割结果，若分割结果有误，可通过选择"Segment"（区段）界面进行分割参数调整，确保分割结果正确，最后手动填写对应字符。图 12-12 所示为字符提取区域。

图 12-11　提取字符

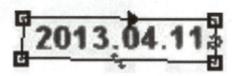

图 12-12　字符提取区域

如图 12-13 所示，每个虚线框表示一个分割字符。若分割结果不正确，则需要通过图 12-14 所示界面手动调整字符相关参数，如字符最小（大）宽度、字符最小（大）高度、字符最小纵横比等参数来保证分割结果正确。

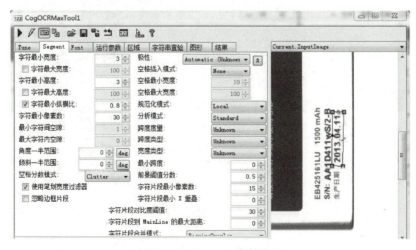

图 12-13　字符分割结果

图 12-14　Segment 参数设置

手动输入"2013.04.11",单击"添加所有"按钮,然后界面显示已添加字符,如图12-15所示。

图12-15 分割字符的添加

字符添加可以一键添加所有字符,也可以单击选择并添加单个字符。不同形态的同一字符,可以进行多次添加。

3)设置运行参数,单击"运行"按钮,查看结果,如图12-16所示,同时查看运行结果是否匹配,如图12-17所示。

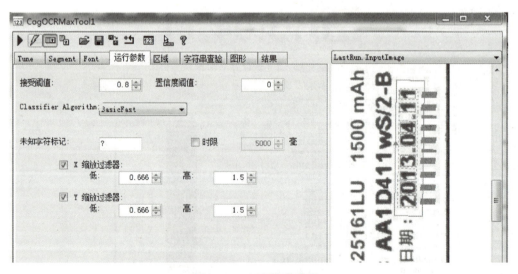

图12-16 运行参数设置

项目12　手机电池二维码和生产日期识别

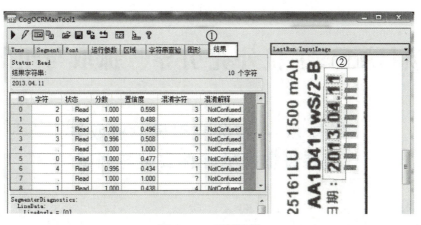

图 12-17　运行结果

习　　题

1. DPM 的意思是_____。
2. 常见 DPM 打码方式有_____。
3. OCR 的意思是_____。
4. 请指出图 12-18 所示二维码的类型，并在空白方框内写出各个区域的名称。

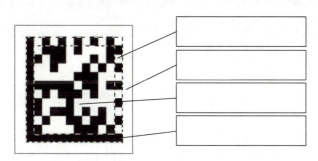

图 12-18　习题 4 图

5. 简述二维码和一维码的本质区别。
6. 阐述车牌识别的原理与过程。

141

项目 13　手机外壳引导、抓取与组装

任务 1　手机外壳引导、抓取与组装设备视觉硬件安装与调试

【知识要点】

手机外壳引导、抓取与组装设备主要分 3 个工位，如图 13-1 所示。

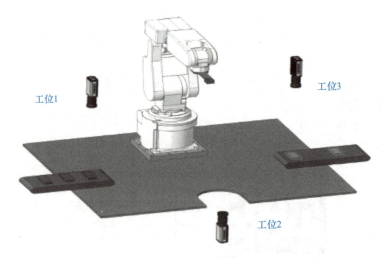

图 13-1　机械手引导、抓取与组装示意图

工位 1 功能：采集图像，分析图像，计算获取手机外壳在机械手坐标系中的位置坐标 (X_1, Y_1, θ_1)，将该坐标发送给机械手，引导机械手抓取手机外壳。

工位 2 功能：机械手从工位 1 抓取手机外壳后，移动到工位 2 的拍照位置 P_2，触发工位 2 相机进行取相和图像处理，计算此时手机外壳在机械手坐标系中的位置坐标 (X_2, Y_2, θ_2)，对位置进行再次确认。

工位 3 功能：该工位功能与工位 1 类似，采集图像，分析图像，计算获取手机中板在机械手坐标系中的位置坐标 (X_3, Y_3, θ_3)，将该坐标发送给机械手，引导机械手将手机外壳组装到手机中板上。

【任务要求】

1）物料点检。准备 3 个工位所需相机、镜头、光源和配套线缆，并对型号进行核对。

2）物料安装。安装、调试 3 个工位所需相机、镜头、光源。

【任务实施】

1）点检物料，确认物料型号及数量正确。物料清单见表 13-1。

项目13 手机外壳引导、抓取与组装

表 13-1 物料清单

物料名称	规格型号	单位	数量
工业相机	CAM—CIC—1300—60—G	部	3
相机电源	6003/5m	个	3
长步道镜头	FA1601C	个	2
长步道镜头	FA2501C	个	1
环形光源	DCCK—RIN—90—90W（含5m光源延长线和漫反射板）	个	3
光源控制器	DCCK—AC 24V60T4	个	2
光源	DCCK—BAC—160×120R（含5m光源延长线）	个	2
千兆网线	5m（带锁）	根	3

2）在工位1区域，将相机、镜头（FA1601C）安装到相应位置，调节工作距离、聚焦环等参数，使视野达到预期标准。将工作距离调到680mm，将手机外壳放在视野中，打开VisionPro取相工具，调到实时显示，调整镜头的光圈环和聚焦环使图像清晰。保存取相工具相关参数，将镜头聚焦环和光圈环螺钉锁紧。

3）在工位2区域，将相机、镜头（FA2501C）安装到相应位置，调节工作距离、聚焦环等参数，使视野达到预期标准。机械手抓取手机外壳，移动到对应拍照位置 P_2。打开VisionPro取相工具，调到实时显示，调整镜头的光圈环和聚焦环使图像清晰。保存取相工具相关参数，将镜头聚焦环和光圈环螺钉锁紧。

4）在工位3区域，按步骤2）的操作过程，将相机、镜头（FA1601C）安装到相应位置，调节工作距离、聚焦环等参数，使视野达到预期标准。将工作距离调到680mm，将手机中板放在视野中，打开VisionPro取相工具，调到实时显示，调整镜头的光圈环和聚焦环使图像清晰。保存取相工具相关参数，将镜头聚焦环和光圈环螺钉锁紧。

任务2 手机外壳引导、抓取与组装设备标定

【知识要点】

CogCalibNPointToNPointTool 使用 N 对点来定义已校正坐标空间，此坐标空间仅校正一次（除非用户更改了校正参数，在这种情况下，必须重新进行校正）。运行操作时，底层的 CogCalibNPointToNPoint 仅将预确定的已校正空间附加至输入图像的坐标空间目录树，并提供更新的图像作为输出供其他工具使用。CogCalibNPointToNPoint 界面如图13-2 所示。

CogCalibNPointToNPoint 的使用分两大步骤：

1）抓取训练校正图像并进行计算校正。在此步骤中，需要定义图像坐标并映射至真实坐标，即未校正 X、未校正 Y 与原始已校正 X、原始已校正 Y。

2）运行时，需要将预计算得到的坐标空间附加至图像的坐标空间目录树。

【任务要求】

分别建立工位1、工位2、工位3的3个相机和机械手坐标空间之间的映射关系。

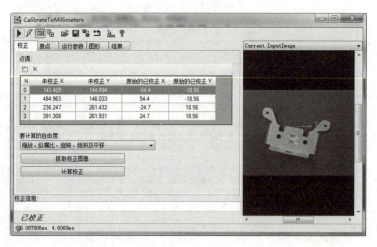

图 13-2　CogCalibNPointToNPoint 界面

【任务实施】

1）机械手吸取标定块，移动到工位 1 视野中间。图 13-3 所示为标定块与 mark 点。

2）校准 Tool。打开 VisionPro 工具，新建 Cogjob，添加 CogPMAlignTool、CogFixtureTool、2 个 CogFindCircleTool 和 1 个 CogDistancePointPointTool。设置 2 个 CogFindCircleTool，如图 13-4 所示。此时，2 个 CogFindCircleTool 查找到的结果相同，故 CogDistancePointPointTool 结果为 0。记录下此时的机械手坐标 $P_1(X_1,Y_1)$。

图 13-3　标定块与 mark 点

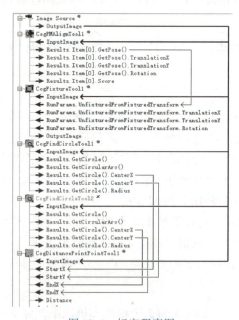

图 13-4　标定程序图

3)右键单击 CogFindCircleTool1,去除"已启用"前面的勾选符号,将该工具禁用。旋转机械手 U 轴,原本重合的 2 个点分离,如图 13-5 所示。平移 X 轴和 Y 轴(禁止旋转 U 轴)回到原始位置 P_1,使 2 个点尽量在一个像素空间内(不得超过 2 个像素),如图 13-6 所示,记录下此时的机械手坐标 (X_2, Y_2)。

图 13-5 旋转 U 轴之后

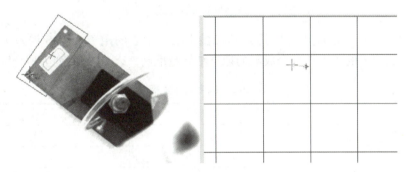

图 13-6 平移 X 轴和 Y 轴

4)重复步骤 3)获取机械手的第 3 个坐标 (X_3, Y_3)。

5)如图 13-7 所示,添加 CogFitCircleTool,将 3 组机械手坐标导入"输入点",单击"运行"按钮,查看运行结果,如图 13-8 所示。

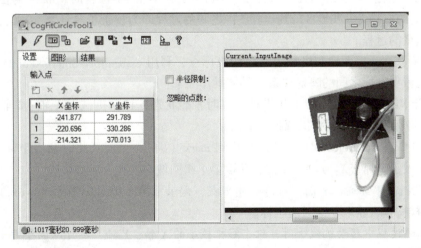

图 13-7 CogFitCircleTool 设置界面

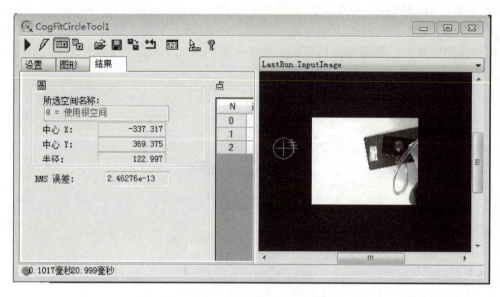

图 13-8 CogFitCircleTool 运行结果

此结果中，半径即为 mark（圆孔）到机械手法兰中心的距离。RMS 误差为拟合误差，该值越小，表示输入的 3 个点拟合成圆的拟合结果越准确。表 13-2 所列为拟合圆点坐标。

表 13-2 拟合圆点坐标

机械手坐标	X	Y
P_1	X_1	Y_1
P_2	X_2	Y_2
P_3	X_3	Y_3
拟合圆中心	X_c	Y_c
偏移量	ΔX	ΔY

表 13-2 中偏移量为 $\Delta X = X_3 - X_c$，$\Delta Y = Y_3 - Y_c$，即在 P_3 位置时，mark 与法兰之间在 X、Y 方向上的偏移量。步骤 3）到步骤 5）之间的过程即为校正工具计算 mark 点和法兰中心之间偏移量的过程。

6）分别获取 9 组图像和机械手对应的坐标点，利用 CogCalibNPointToNPointTool 计算图像坐标和机械手坐标之间的映射关系。具体操作如下：

① 打开 VisionPro，使工位 1 相机处于实时拍照状态，移动机械手 X 轴、Y 轴（禁止转动 U 轴），将标定块移动到相机视野左上角。

② 添加 CogFindCircleTool1 工具，查找到 mark（圆孔），记录此时圆心坐标 (x_1, y_1)，同时记录机械手坐标 (X_1, Y_1)。至此，获取第 1 组图像和机械手对应坐标。

③ 移动机械手 X 轴、Y 轴，重复上述步骤，记录下第 2 组对应坐标 (x_2, y_2) 和 (X_2, Y_2)。按同样操作，获取 9 组对应坐标。

注：上述过程中移动机械手时，仅平移机械手的 X 轴、Y 轴，不可以调整 U 轴。

应尽可能使 9 个点均匀地分布在视野中，可以按照九宫格的规律分布，如图 13-9 所示。

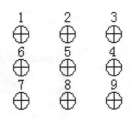

图 13-9 机械手的 9 点位置

④ 上述步骤记录下的机械手 9 点坐标为机械手法兰坐标以及 mark 点之间存在的 ΔX、ΔY 偏移量。CogCalibNPointToNPointTool 中未校正点和已校正点的坐标见表 13-3。

表 13-3 9 点标定坐标

图像坐标		机械手法兰坐标		偏移后机械手法兰坐标	
未校正 X	未校正 Y	X 坐标	Y 坐标	已校正 X	已校正 Y
x_1	y_1	X_1	Y_1	X'_1	Y'_1
x_2	y_2	X_2	Y_2	X'_2	Y'_2
x_3	y_3	X_3	Y_3	X'_3	Y'_3
x_4	y_4	X_4	Y_4	X'_4	Y'_4
x_5	y_5	X_5	Y_5	X'_5	Y'_5
x_6	y_6	X_6	Y_6	X'_6	Y'_6
x_7	y_7	X_7	Y_7	X'_7	Y'_7
x_8	y_8	X_8	Y_8	X'_8	Y'_8
x_9	y_9	X_9	Y_9	X'_9	Y'_9

偏移后机械手法兰坐标和机械手法兰坐标之间的关系为

$$X'_1 = X_1 - \Delta X, \quad Y'_1 = Y_1 - \Delta Y \tag{13-1}$$

⑤ 如图 13-10 所示，添加 CogCalibNPointToNPointTool，输入对应校正点，进行计算校正，图像和机械手之间的映射关系如图 13-11 所示。

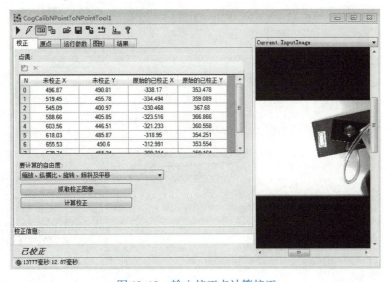

图 13-10 输入校正点计算校正

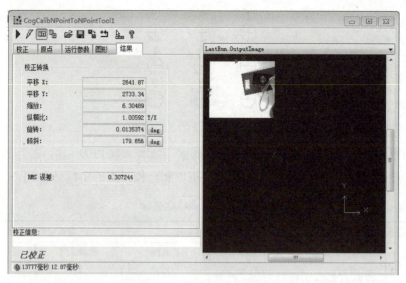

图 13-11 校正结果

从图 13-11 所示的校正结果可以看出机械手和相机的位置关系,即相机在机械手坐标系的第Ⅱ象限。标定结果中 RMS 误差越小,表示校正结果越好。

至此,已经算出工位 1 中相机和机械手之间的映射关系。同理,可以算出工位 2 和工位 3 中相机和机械手之间的映射关系。

任务 3　手机外壳引导、抓取与组装设备视觉功能程序设计

【知识要点】

1)引导与组装常见形式如图 13-12 所示。

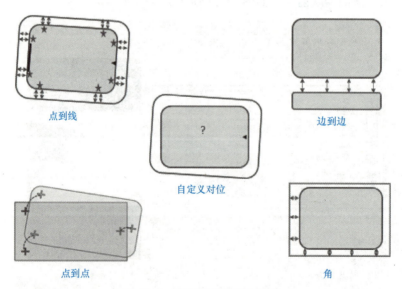

图 13-12　引导与组装常见形式

项目13 手机外壳引导、抓取与组装

2) 常见几何工具有 Geometry-Creation、Geometry-Finding&Fitting、Geometry-Intersection、Geometry-Measurement 等，见表 13-4 ~ 表 13-7。

表 13-4　Geometry-Creation 工具

工具	说明
CogCreateCircleTool	创建圆
CogCreateEllipseTool	创建椭圆
CogCreateLineBisectPointsTool	创建两点的平分线
CogCreateLineParallelTool	过某一点创建某条线的平行线
CogCreateLinePerpendicularTool	过某一点创建某条线的垂线
CogCreateLineTool	根据指定点和角度创建一条直线
CogCreateSegmentAvgSegsTool	创建两条线段的平均线
CogCreateSegmentTool	创建线段

表 13-5　Geometry-Finding&Fitting 工具

工具	说明
CogFindCircleTool	找圆工具
CogFindLineTool	找线工具
CogFitCircleTool	拟合圆
CogFitEllipseTool	拟合椭圆
CogFitLineTool	拟合直线

表 13-6　Geometry-Intersection 工具

工具	说明
CogIntersectCircleCircleTool	检测两圆是否相交
CogIntersectLineCircleTool	检测线与圆是否相交
CogIntersectLineEllipseTool	检测线与椭圆是否相交
CogIntersectLineLineTool	检测线与线是否相交
CogIntersectSegmentCircleTool	检测线段与圆是否相交
CogIntersectSegmentEllipseTool	检测线段与椭圆是否相交
CogIntersectSegmentLineTool	检测线段与直线是否相交
CogIntersectSegmentSegmentTool	检测线段与线段是否相交

表 13-7　Geometry-Measurement 工具

工具	说明
CogAngleLineLineTool	两条直线的夹角
CogAnglePointPointTool	由两点组成的线段的角度
CogDistanceCircleCircleTool	两圆之间的最短距离
CogDistanceLineCircleTool	线到圆的最短距离
CogDistanceLineEllipseTool	线到椭圆的最短距离
CogDistancePointCircleTool	点到圆的最短距离
CogDistancePointEllipseTool	点到椭圆的最短距离
CogDistancePointLineTool	点到直线的最短距离
CogDistancePointPointTool	点到点的距离

（续）

	CogDistancePointSegmentTool	点到线段的最短距离
	CogDistanceSegmentCircleTool	线段到圆的最短距离
	CogDistanceSegmentEllipseTool	线段到椭圆的最短距离
	CogDistanceSegmentLineTool	线段到线的最短距离
	CogDistanceSegmentSegmentTool	线段到线段的最短距离

【任务要求】

本任务中采用中心坐标和边缘角度的组装方式，设计视觉程序，计算工位 1、工位 2、工位 3 手机外壳和手机中板在机械手坐标系中的坐标位置。

【任务实施】

1）工位 1 视觉程序设计与调试。

① 如图 13-13 所示，添加 CogCalibNPointToNPointTool 和 ToolBlock2 工具。

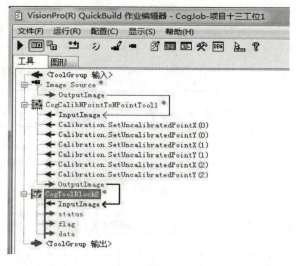

图 13-13 视觉程序

② 对 CogCalibNPointToNPointTool 进行校正，其输出图像（OutputImage）即为校正后的图像。后续图像处理的输入图像（InputImage）均来源于 CogCalibNPointToNPointTool 的 OutputImage。ToolBlock2 的功能是计算中心点坐标，包括 CogPMAlignTool、CogFixtureTool、4 个 CogFindCornerTool、2 个 CogFitLineTool 和 1 个 CogIntersectLineLineTool，如图 13-14 所示。

③ 对 CogPMAlignTool 和 CogFixtureTool 进行识别定位，建立空间坐标。CogPMAlignTool 模板特征的选择如图 13-15 所示。

④ CogFindCornerTool 工具利用 2 个找线工具找两条边，相交，查找手机外壳角点。如图 13-16 所示，在 CogFindCornerTool1 界面的"卡尺设置"选项卡中，设置卡尺数量为 15，搜索长度为 20，投影长度为 4，搜索方向为 90°，对比度阈值为 8，边缘 0 极性为由明到暗；在"设置"选项卡中，忽略点数为 5，即在查找到的 15 个点中，有 5 个点在进行直线拟合过程中不被引用。图 13-17 所示为操作结果界面。

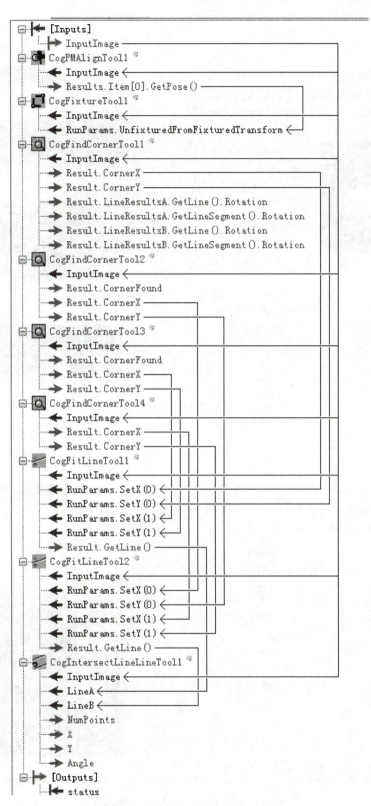

图 13-14　工位 1 坐标计算程序

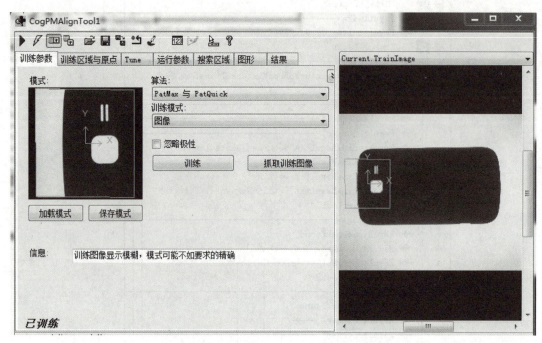

图 13-15　CogPMAlignTool 模板特征的选择

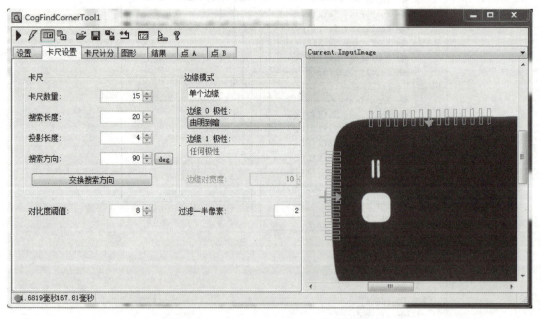

图 13-16　CogFindCornerTool1 参数设置

项目13 手机外壳引导、抓取与组装

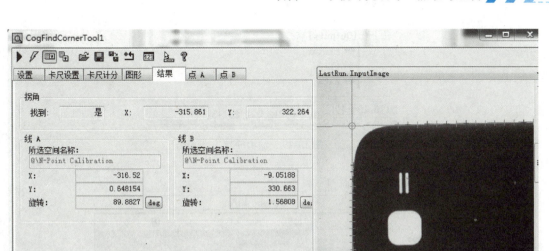

图 13-17 CogFindCornerTool 操作结果界面

⑤ 其他三个角点的查找方法与上述方法类似，图 13-18 所示为手机外壳中心点查找结果。

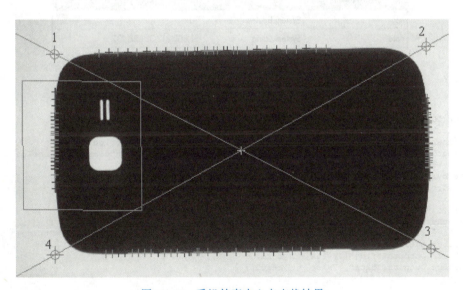

图 13-18 手机外壳中心点查找结果

⑥ 利用 CogFitLineTool 把对角线的两个角点构建成一条直线，再利用 CogIntersectLine-LineTool 求得对角线的交点，即为 (X_1,Y_1)。其中，图 13-14 的 CogFindCornerTool1 结果中 LineB 的角度即为 θ_1。

2）如图 13-19 所示，在 ToolBlock 中添加 3 个输出终端：status、flag 和 data，分别用来表征 ToolBlock 运行是否成功，运算结果是否正确，对应运算结果 (X_1,Y_1,θ_1)。图 13-20 所示为"输入/输出"添加界面，单击"新增输出"图标，可以实现终端添加。

3）编写脚本，给输出终端赋值。关键程序如下：

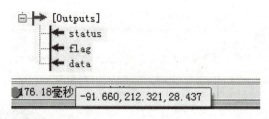

图 13-19 输出终端

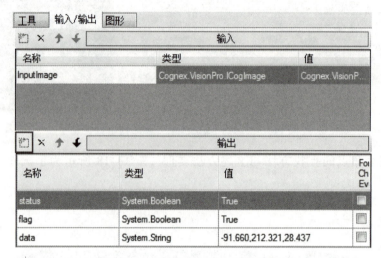

图 13-20 "输入/输出"添加界面

```
try
{
  foreach(ICogTool tool in mToolBlock.Tools)
  mToolBlock.RunTool(tool, ref message, ref result);
  findcorner = mToolBlock.Tools["CogFindCornerTool1"] as CogFindCornerTool;
  intersect1 = mToolBlock.Tools["CogIntersectLineLineTool1"] as CogIntersectLineLineTool;

  string myresult = "";
  bool mybool = true;
  double x1 = intersect1.X;
  double y1 = intersect1.Y;
  double theta1 = findcorner.Result.LineResultsB.GetLine().Rotation*180/Math.PI ;
  myresult = x1.ToString("0.000") + "," + y1.ToString("0.000") + "," + theta1.ToString("0.000");
  mToolBlock.Outputs["status"].Value = true;
  mToolBlock.Outputs["flag"].Value = mybool;
  mToolBlock.Outputs["data"].Value = myresult;

}
catch (Exception)
{
  mToolBlock.Outputs["status"].Value = false;
  mToolBlock.Outputs["flag"].Value = false;
  mToolBlock.Outputs["data"].Value = "888.88,888.88,888.88";
}
```

同理，可以完成工位 2 和工位 3 相关视觉程序设计。

至此，便完成了手机外壳引导、抓取与组装设备的调试。如图 13-21 所示，单击操作界面中的"联机"按钮，运行机械手对应程序，便可以实现机械手抓取手机外壳组装到手机中板上的功能。

项目13 手机外壳引导、抓取与组装

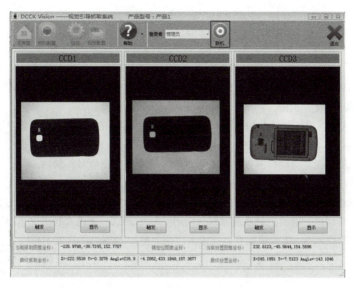

图 13-21 手机外壳视觉引导抓取系统操作界面

习　　题

1. 在进行视觉对位引导项目时，需要通过（　　）来建立视觉坐标系与机械手坐标系之间的对应关系。

　　A. 检测　　　　　　B. 标定　　　　　　C. 定位　　　　　　D. 曝光

2. 下列关于 RMS 的说法中正确的是（　　）。

　　A. RMS 表示最大误差　　　　　　　　B. RMS 越小表示标定结果越好

　　C. RMS 表示方均根误差　　　　　　　D. RMS 越大表示标定结果越好

3. 总结机器视觉引导定位的常见方式。

4. 概述影响引导精度的因素。

5. 如图 13-22 所示，将相机固定在机械手上该如何进行标定？

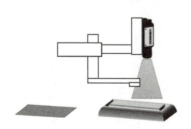

图 13-22 习题 5 图

参 考 文 献

［1］霍恩. 机器视觉［M］. 王亮，蒋欣兰，译. 北京：中国青年出版社，2014.
［2］SONKA M，HLAVAC V，BOYLE R. 图像处理、分析与机器视觉［M］. 4版. 兴军亮，艾海舟，等译. 北京：清华大学出版社，2016.
［3］CORKE P. 机器人学、机器视觉与控制——MATLAB算法基础［M］. 刘荣，等译. 北京：电子工业出版社，2016.
［4］余文勇，石绘. 机器视觉自动检测技术［M］. 北京：化学工业出版社，2013.
［5］杨高科. 图像处理、分析与机器视觉［M］. 北京：清华大学出版社，2018.
［6］韩九强. 机器视觉智能组态软件XAVIS及应用［M］. 西安：西安交通大学出版社，2018.
［7］郑睿，邹新凯，杨国胜. 机器视觉系统原理与应用［M］. 北京：中国水利水电出版社，2014.
［8］刘秀平，景军锋，张凯兵. 工业机器视觉技术及应用［M］. 西安：西安电子科技大学出版社，2019.
［9］孙学宏，张文聪，唐冬冬. 机器视觉技术及应用［M］. 北京：机械工业出版社，2021.